普通高等职业教育计算机系列规划教材

计算机应用基础
实训指导

（Windows 7+Office 2010）（第 2 版）

邱绪桃　费玲玲　刘丽萍　主　编

陈　谊　李　繁　副主编

U0296425

电子工业出版社

Publishing House of Electronics Industry

北京·BEIJING

内 容 简 介

本书在基于工作过程且内容项目化思想指导下，根据计算机在日常学习、生活中的工作场景及操作流程，设计了 15 个操作任务，强调项目化和可操作性，突出应用能力的训练及基础操作的掌握，满足应用型高职高专的教学需要，具有相当强的针对性和实用性。

本书突破了传统的实验教程编写模式，围绕教学内容，以工作过程为导向的任务驱动方式精心安排了每个教学任务，项目 1 介绍计算机基本操作；项目 2 介绍 Windows 7 操作系统；项目 3 介绍字处理软件 Word；项目 4 介绍电子表格处理软件 Excel；项目 5 介绍演示文稿软件 PowerPoint；项目 6 介绍计算机网络与安全。为了满足部分要参加计算机等级考试学生的需求，每个项目都配有相应的综合练习题，便于更加熟练地掌握相关的操作。

本书既可作为高等院校各专业《计算机应用基础》课程的实训教材，也可作为相关人士自学的参考资料，同时也可供计算机等级考试人员参考。

图书在版编目（CIP）数据

计算机应用基础实训指导：Windows 7+Office 2010/邱绪桃，费玲玲，刘丽萍主编.——2 版.——北京：电子工业出版社，2015.8

（普通高等职业教育计算机系列规划教材）

ISBN 978-7-121-26653-9

Ⅰ．①计… Ⅱ．①邱… ②费… ③刘… Ⅲ．①Windows 操作系统—高等职业教育—教学参考资料②办公自动化—高等职业教育—教学参考资料 Ⅳ．①TP316.7②TP317.1

中国版本图书馆 CIP 数据核字(2015)第 161948 号

策划编辑：徐建军（xujj@phei.com.cn）
责任编辑：郝黎明
印　　刷：北京京华虎彩印刷有限公司
装　　订：北京京华虎彩印刷有限公司
出版发行：电子工业出版社
　　　　　北京市海淀区万寿路 173 信箱　邮编　100036
开　　本：787×1 092　1/16　印张：10.25　字数：262.4　千字
版　　次：2013 年 9 月第 1 版
　　　　　2015 年 8 月第 2 版
印　　次：2017 年 9 月第 6 次印刷
定　　价：26.00 元

凡所购买电子工业出版社图书有缺损问题，请向购买书店调换。若书店售缺，请与本社发行部联系，联系及邮购电话：（010）88254888，88258888。

质量投诉请发邮件至 zlts@phei.com.cn，盗版侵权举报请发邮件至 dbqq@phei.com.cn。

本书咨询联系方式：（010）88254570。

前　言

在信息技术飞速发展的今天，计算机已成为人们工作、学习和生活中的重要工具之一。作为 21 世纪的在校大学生，有必要加强对计算机基础知识的了解和学习，熟悉计算机在各行业的应用及操作流程，掌握计算机的相关概念和知识，精通计算机操作的基本技能。本书强调实践操作和应用能力的训练，并结合计算机等级考试的要求编写了综合练习题，以帮助读者更好地理解与掌握计算机相关的理论知识和实际操作，完全适用于应用型高职高专院校的教学需要。

本书是与《计算机应用基础（Windows 7+Office 2010）（第 2 版）》（邱绪桃、李繁、陈谊主编，2015 年 8 月由电子工业出版社出版）配套的实训教学指导教材，其主要的教学目标是让读者掌握一定的计算机基础理论知识及实践操作能力，因此，在内容的安排上以培养基本应用技能为主线，通过大量的实训任务及丰富的图解说明来介绍计算机应用的相关知识，具有内容新颖、结构紧凑、层次清楚、图文并茂、通俗易懂、实用性强、针对性强、便于教与学等特点。

本书由多名长期从事计算机基础教育教学和研究的人员编写，全书共分 6 个项目，注重计算机的实际应用和操作，内容包括计算机基本操作、Windows 7 操作系统、字处理软件 Word、电子表格处理软件 Excel、演示文稿软件 PowerPoint、计算机网络与安全等。根据计算机应用基础课程标准和实际应用，每个项目包含不同数量的实训任务和综合练习题，每个实训任务中都有实训的操作过程，特别是对于字处理软件 Word、电子表格处理软件 Excel、演示文稿软件 PowerPoint 三个部分中的每个实训任务完成后，至少都会有一个真实的实训效果文档。通过实训过程的说明，将计算机基础知识与操作有机地结合在一起，不仅有益于快速地掌握计算机操作技能，而且也加深了对计算机基础知识的理解，从而达到巩固理论知识、强化操作技能的目的。由于教材篇幅有限，关于实训任务的操作过程，可供参考，在此基础上，某些操作点也可使用另外的方法完成，关键是要抓住重点，开拓思路，提高分析问题、解决问题的能力。为此，在各个项目后配有综合练习题，帮助读者进一步巩固、强化操作技能。

本书可作为高等院校计算机公共基础课程教材，也可作为参加计算机基础知识和应用能力等级考试一级考试人员的培训教材。要特别说明的是，为了让读者能更好地准备参加计算机等级考试，满足在 Office 部分操作题的要求，本书特地在 Office 2010 部分准备了相关的操作要求及操作素材供读者使用。

本书由成都纺织高等专科学校的邱绪桃、费玲玲和刘丽萍担任主编。其中，项目 1、项目 6 由陈谊编写，项目 2 由刘丽萍编写，项目 3 由邱绪桃编写，项目 4 由李繁编写，项目 5 由费玲玲编写，全书由邱绪桃负责统筹安排和协调。成都纺织高等专科学校电气工程学院的肖甘院长为本书的编写工作提出了宝贵建议。

本书在编写过程中得到了各方面的大力支持，在此一并表示感谢。同时，由于编者水平有限和时间仓促，书中难免存在疏漏之处，欢迎广大读者批评指正。

编　者

目 录
Contents

项目 1

计算机基本操作

随着计算机的普及，计算机已成为我们学习、工作和生活中使用最广泛的工具之一。对计算机的了解掌握与使用是当今大学生必须拥有的一项基本技能。认识计算机部件与组成有利于对计算机简单故障进行处理和维护，掌握文字录入是应用计算机操作的基础。

本项目主要内容

- 计算机开关机
- 计算机的硬件组成
- 键盘的布局、功能与使用
- 指法训练

任务　基本组成与文字录入

实训目的

（1）掌握开关计算机的正确方法。
（2）了解一台微型计算机的硬件组成及配置性能。
（3）掌握键盘的布局与功能。
（4）掌握正确的指法。

实训要求

（1）熟悉计算机的几种启动方法，会正确地启动计算机。
（2）能在网上模拟配置一台计算机。
（3）正确认识计算机键盘。
（4）能用正确的指法录入中英文。

1. 计算机的开关机

1）启动计算机

（1）冷启动。冷启动是通过加电来启动计算机的过程。其步骤是：先打开计算机的所有外部设备电源，如显示器、音箱、扫描仪和打印机等，然后打开主机箱的电源开关，即正确地启动计算机，这种启动方式被称为冷启动。

（2）热启动。热启动是指计算机在已加电情况下的启动。计算机已经开机，并进入 Windows 操作系统后，系统在某种情况下需要重新启动。其步骤如下：

① 在 Windows 中，用鼠标单击桌面上的"开始"按钮。

② 单击"关闭计算机"菜单命令，

③ 在弹出的对话框中单击"重新启动"按钮。

提示：

（1）如果在计算机运行中遇到异常停机，或死锁于某一状态中，则需要用 Ctrl+Alt+Delete 组合键或按复位键重新启动计算机。

（2）还可以用系统复位方式来重新启动计算机，即按机箱面板上的复位键（也就是 Reset 按钮）。如果系统复位还不能启动计算机，再用冷启动的方式启动。

2）关闭计算机

先关闭所有外部设备，然后在桌面左下角单击"开始"菜单→单击"关机"按钮，即能正确地关闭计算机。

提示：

如果系统不能自动关闭时，可选择强行关机。其方法是按下主机电源开关不放手，持续 5 秒钟，即可强行关闭主机，最后再关闭显示器电源。

计算机开机后各种设备不要随意搬动，不要拔插机箱内的各种接口卡，不要连接和断开主机和外部设备之间的电缆。如果要进行这些操作，请在断电情况下进行。

2. 计算机硬件的组成

1）计算机硬件组成

微型计算机硬件的基本配置是主机、显示器、键盘、鼠标等，如图 1.1 所示。

图 1.1　微型计算机示意图

微型计算机从结构上可以分为主机和外部设备两大部分。微型计算机主要功能集中在主机上，主机箱前面一般都有电源开关、电源指示灯、硬盘指示灯、复位键、光盘驱动器等。主机箱里有 CPU、主存储器、外存储器（硬盘存储器、软盘存储器、光盘存储器等）、网络设备、接口部件、声卡、视频卡等配置。

2）认识主机箱的内部结构和主要部件

在老师的指导或演示下打开一台主机箱，观察机箱内的主要部件。

（1）主板。主板又称为主机板（Mainboard），是微机最重要的部件之一，它也是微机中最大的一块高度集成的电路板，如图 1.2 所示。因此，主板不但是整个计算机系统平台的载体，还负担着系统中各种信息的交流。主板的性能影响着整个计算机系统的性能。

图 1.2 主板示意图

主板上主要包括 CPU、BIOS 芯片、内存条、控制芯片组、SATA 接口、IDE 接口、软驱接口、PCI Express 显卡接口、若干个 USB 接口、并行接口、串行接口、PCI 总线接口等，若声卡、显卡、网卡不是集成在主板上，则主板的插槽上还插有显卡、声卡、网卡等部件。

（2）CPU。在微机中，运算器和控制器被制作在同一个半导体芯片上，称为中央处理器（Central Processing Unit），简称 CPU，又称为微处理器，如图 1.3 所示。

图 1.3 CPU

CPU 是计算机硬件系统中的核心部件，可以完成计算机的各种算术运算、逻辑运算和指令控制。目前生产的 CPU 主要由基板、核心和针脚三部分组成，其产品主要有：Intel 公司的酷睿（core）、至强（Xeon）等；AMD 公司的 FX、A10 等。

（3）内存条。内存条是内存的一种，是存储程序和数据的装置，用于暂时存放系统中的数据，它的特点是存储容量较小，但运行速度快，如图 1.4 所示。

图 1.4 内存条

提示：

① 内存分为随机存储器（RAM）、只读存储器（ROM）和高速缓冲存储器（Cache）。

② 随机存储器的特点是CPU可以随时进行读出而不能写入数据，关机后RAM中的数据将自动消失，且不可恢复。只读存储器的特点是CPU只能读出而不能写入数据，断电后ROM的信息不会消失。高速缓冲存储器（Cache）是介于CPU与内存之间的一种高速存取信息的存储器，用于解决CPU与内存之间的速度匹配问题。

（4）硬盘。硬盘是外存储器的一种，它的特点是存储容量较大，可以长期保存和备份数据，而且不怕停电，但存储速度比内存慢，如图1.5所示。

图1.5 硬盘

提示：

光盘、软盘、U盘、移动硬盘等都是外部存储器。

（5）显示卡。简称显卡，它的基本作用是控制计算机图形输出，主要负责将CPU送来的影像数据经过处理后，转换成数字信号或模拟信息，在将其传输到显示器上，显卡是主机与显示器沟通的桥梁，如图1.6所示。

（6）网络适配器。简称网卡，它是连接计算机与网络的硬件设备，是计算机上网的必备硬件。由于网卡的重要性，现在大部分主板都集成了网卡。

提示：

网卡分为有线网卡、无线网卡和无线移动网卡3种。无线网卡显著特点就是连接网络时不需要网线。无线移动网卡可以通过中国电信、中国移动或中国联通的3G无线通信网络上网。

（7）光驱。光驱是用来读取光盘数据的设备。常见的光驱有 CD-ROM 光驱、DVD-ROM 光驱、CD-RW 刻录机、DVD-RW 刻录机等，如图1.7所示。

图1.6 显卡   图1.7 光驱

（8）显示器。显示器可分为 CRT 和 LED，用于显示输出各种数据，是最基本的输出设备。显示器主要性能指标有尺寸、亮度、点距、分辨率和刷新频率等。

（9）键盘与鼠标

键盘是最常用的一种输入设备，用户通过按键将各种命令、程序和数据送入计算机中。分为主键盘区、功能键区、编辑键区、数字键区。

鼠标也是计算机常用的输入设备，常用的鼠标有机械式和光电式两种。

3）模拟配置一台计算机

计算机由于硬件组成的日益标准化，用户也可以自己购买计算机各种部件进行组装。表 1.1 所示是一台微型计算机基本部件的配置清单。

表 1.1　一台微型计算机基本部件的配置清单

配　件	名　称	数　量	价格（元）
CPU	英特尔（Intel）酷睿 i5-4460 22 纳米 Haswell 全新架构盒装 CPU（LGA1150/3.2GHz/6M 三级缓存）	1	1199
主板	华硕（ASUS）Z87-A 主板（Intel Z87/LGA 1150）	1	699
内存	金士顿（Kingston）DDR3 1600 4GB 台式机内存	2	239
固态硬盘	浦科特（PLEXTOR）M6S 系列 256GB 2.5 英寸 SATA-3 固态硬盘（PX-256M6S）	1	899
机箱	乔思伯（JONSBO）U2 ITX 机箱 全铝 银色 支持标准大电源	1	369
电源	酷冷至尊（CoolerMaster）战斧二代 400W 额定 400W 电源（静音/主动式 PFC/支持背线/质保 3 年）	1	209
显示器	AOC I2369V 23 英寸 LED 背光超窄边框 IPS 广视角液晶显示器（银色）	1	929
鼠标	富勒（Fuhlen）M65 节能无线鼠标 黑蓝	1	39.9
键盘	罗技（Logitech）K120 键盘	1	49
音箱	漫步者（EDIF IER）R101V 2.1 声道多媒体音箱 黑色	1	129

3. 认识键盘

键盘是最常用的输入设备，用户向计算机发出的命令、文字录入等都需要通过键盘输入到计算机中。

1）键盘布局

以图 1.8 所示的 107 键盘为例，键盘分为主键盘区、功能键区、编辑键区、数字键区。

图 1.8　键盘的键位分布

（1）主键盘区是键盘中的主体部分，共有 61 个键位，其中包括 26 个字母键、10 个数字键、11 个符号键和 14 个控制键，用于输入数字、文字、符号等。

（2）功能键区是键盘最上面的一排键位，其中包括取消键 Esc、特殊功能键 F1～F12 和屏幕打印键 PrintScreen、滚动锁定键 Scroll Lock、暂停键 Pause/Break。

（3）编辑键区位于主键盘区的右侧，主要用于对光标移动和编辑控制操作。

（4）数字键区位于编辑键区的右侧，主要用于输入数字以及加、减、乘、除等运算符号。

（5）在数字键区上方还有 Num Lock 数字键盘的锁定灯、Caps Lock 大写字母锁定灯和 Scroll Lock 滚屏锁定灯 3 个状态指示灯区。

2）常用键的作用

键盘常用键的作用介绍如表 1.2 所示。

表 1.2　键盘常用键的功能

按　键	名　称	功　能
Space	空格键	按一下产生一个空格
Backspace	退格键	删除光标左边的字符
Shift	换档键	同时按下 Shift 和具有上下档字符的键，上档符起作用
Ctrl	控制键	与其他键组合成特殊的控制键
Alt	控制键	与其他键组合成特殊的控制键
Tab	制表定位	按一次，光标向右跳 8 个字符位置
Caps Lock	大小写转换键	Caps Lock 灯亮为大写状态，否则为小写状态
Enter	回车键	命令确认，且光标到下一行
Ins（Insert）	插入覆盖转换	插入状态是在光标左边插入字符，否则覆盖当前字符
Del（Delete）	删除键	删除光标右边的字符
Page Up	向上翻页键	光标定位到上一页
Page Down	向下翻页键	光标定位到下一页
Num Lock	数字锁定转换	Num Lock 灯亮时小键盘数字键起作用，否则为下档的光标定位键起作用
Esc	强行退出	可废除当前命令行的输入，等待新命令的输入，或中断当前正在执行的程序

4．打字知识

1）打字的正确姿势及方法

（1）正确的打字姿势

打字的姿势非常重要，操作时坐姿应正确舒适，要是姿势不对，打一会字，就会觉得腰酸背痛，手指无力。打字正确的姿势示意图如图 1.9 所示。

平坐在椅子上，腰背挺直，身体稍微向前倾斜，两脚自然地平放在地上。使用高度适当的工作台和椅子，便于手指操作。眼睛与显示器的距离一般为 30cm 左右。两肘悬空，轻贴身体两侧，手腕悬空平放，手指自然下垂轻放在基准键位上。文稿放在键盘的左侧，键盘稍向左放置，眼睛不要盯着键盘。

（2）正确的击键方法

首先，击键不是按键。击键时，手指力量要适中。手指的全部动作只限于手指部分，手腕要平直，手臂不动。手腕至手指呈弧状，指头的第一关节与键面垂直。击键时以指尖垂直向键位瞬间爆发冲击力，并立即由反弹力返回。击键要迅速果断，不能拖拉犹豫。操作时要稳、准、快。击键用力部位是指关节，不要手腕用力，可以把指力和腕力相结合使用。

图 1.9　打字姿势示意图

2）打字指法

图 1-10 所示是手指的键位指法分区示意图，双手在键盘中的各个键位上的分工，遵循着各执其政、分工明确。要想熟练掌握指法，必须遵守操作规范，按训练步骤循序渐进。

图 1.10　指法分区示意图

3）基准键位

打字准备状态时，双手依次放在"A"、"S"、"D"、"F"、"J"、"K"、"L"、";"键上，这 8 个键称为基准键位。其中，F、J 键称为定位键（键帽上有一小横杠），其作用是将左右食指分别放在 F 和 J 键上，其余三指依次放下就能找到基准键位。基准键位的分布及手指分工，如图 1-11 所示。

图 1.11 基准键位

4）汉字输入法快捷键的设置

（1）单击"开始"→"控制面板"→"更改键盘或其他输入法"，打开"区域和语言"对话框，选择"键盘和语言"选项卡，如图 1.12 所示。

图 1.12 控制面板及"区域和语言"对话框

（2）单击"更改键盘"按钮，弹出"文本服务和输入语言"对话框，选择"高级键设置"选项卡，可以看到"输入语言的热键"，如图 1.13 所示。

图 1.13 "文本服务和输入语言"对话框

（3）要为某种输入法设置热键，可以在图 1.13 所示的"高级键设置"选项卡中单击"更改按键顺序"按钮，在弹出的"更改按键顺序"对话框中进行设置，最后单击"确定"按钮返回即可。

5）标点符号的输入

常用中文标点符号与键盘对照表如表 1.3 所示。

表 1.3　常用中文标点符号与键盘对照表

中文标点	键位	中文标点	键位
句号。	。	书名号《》	< >
逗号，	，	省略号……	Shift+6
分号；	；	破折号——	Shift+减号(主键盘区)
冒号：	Shift+；	感叹号！	Shift+1
问号？	Shift+/	顿号、	\或/
双引号"	Shift+'	间隔号·	`
单引号'	'	人民币符号￥	Shift+4
括号（）	Shift+9　Shift+0	百分号%	Shift+5

提示：

Shift 键属于换档键，当键盘上某个键有两个字符时，要输入该键上面的某一个字符时要按住 Shift 键才可以输入。

综合练习题

1. 利用网络资源，模拟配置一台 5000 元左右的台式机，并将详细配置清单填入下表。

名　　称	型　　号	数　　量	价　　格	来 源 网 站
总价			元	

2. 打字练习

用 Windows 提供的"记事本"程序进行打字练习。

提示：

可以在老师的指导下，使用金山打字等软件进行如下打字练习。

虽然直到 9 月中旬微软才正式发出邀请函，宣布于 10 月 25 日在美国纽约发布其全新一代的操作系统 Windows 8（同时 Windows RT（ARM 版）也一同发布），但是相信许多心急的网友朋友们已经通过微软之前放出的各个版本体验到了 Windows 8 给我们带来的各种不同。Windows 8 作为微软一款具有革命性变化的操作系统，不仅在视觉上给我们带来了全新的体验，而且在功能、操作习惯等方面的变化也成了广大网友朋友们所谈论的焦点。

Windows 8 如何安装到计算机？

答：在我们的 PC 上安装 X86 版 Windows 8 与之前我们所熟知的系统安装基本一致，有这样几种方法：①将下载的镜像文件刻录到光盘中，通过光盘进行安装；②将下载的镜像文件制作成启动 U 盘，通过 U 盘安装；③还是利用下载好的镜像文件，通过虚拟机安装。此外，我们还可以在已有的 Windows 7 系统上直接升级 Windows 8 来进行安装。

之前的应用程序对 Windows 8 兼容性如何？

答：就像早前 Windows 7 发布之初一样，绝大部分应用程序均可在 Windows 8 上运行，只有一小部分软件会出现 BUG，但相信随着新系统的普及，这些问题也都会逐步消失。当然，我们这里所说的兼容性仅仅是指 X86 架构环境下的应用。而对于 ARM 版的 Windows 8 RT 来说，它是无法兼容普通 X86 软件的。

Windows 8 最重要的功能是什么？与 Windows 7 最大的区别在哪？

答：全新的 Windows 8 系统基本上是从现有的 Windows 7 系统基础上升级而来的，使用中的上手度较高。而对于普通用户来说，其最大的特点则是整合了"开始"菜单，由原先的列表式变成了一个页面，不仅更加有利于触摸应用，而且在体验上也有着与之前截然不同的改变。此外，Windows 8 除了在界面、细节等方面的变化以外，还更加强调了"云"概念的应用，通过 Microsoft 账户，可以让计算机真正成为你的个性化计算机等。

Windows 8 各版本类型有哪些？

答：与 Windows 7 一样，Windows 8 系统细分出了个各种不同版本类型，如 Windows 8 家庭高级版、Windows 8 专业版、Windows 8 专业+版以及 Windows 8 旗舰版等，大家可以根据不同的需要来进行选择。我们下面总结出了 Windows 8 系统的几个大的分类：

Windows 8 核心版

一般称为 Windows 8，适用于台式机和笔记本用户以及普通家庭用户。对普通用户来讲，Windows 8 就是最佳选择。该版本包括全新的 Windows 商店、Windows 资源管理器、任务管理器等，还将包含以前仅在企业版/旗舰版中才提供的功能服务。针对中国等新型市场，微软将提供本地语言版 Windows 8，即 Windows 8 中文版。

Windows 8 专业版

一般称为 Windows 8 Pro。面向技术爱好者和企业/技术人员，内置一系列 Windows 8 增强的技术，包括加密、虚拟化、PC 管理和域名连接等。

Windows 8 企业版

将包括 Windows 8 专业版的所有功能，另外为了满足企业的需求，Windows 8 企业版还将增加 PC 管理和部署，先进的安全性，虚拟化等功能。

Windows 8 RT

专门为 ARM 架构设计的，无法单独购买，只能预装在采用 ARM 架构处理器的 PC 和平板电脑中。Windows RT 无法兼容 X86 软件，但将附带专为触摸屏设计的微软 Word、Excel、PowerPoint 和 OneNote。

项目 *2*

Windows 7 操作系统

操作系统是最基本的系统软件，它是一组程序，负责管理和控制计算机硬件资源、软件资源和数据资源。图形方式的窗口操作系统是用户和计算机之间的接口，已经成为计算机系统最重要的配置。本项目以 Windows 7 操作系统为学习内容。

➡ 本项目主要内容

📖 Windows 7 桌面组成
📖 图标的设置及排列
📖 任务栏、开始菜单、窗口的操作
📖 个性化设置
📖 快捷方式的建立
📖 日期时间和语言的设置
📖 资源管理器的使用
📖 文件和文件夹的显示和排列
📖 文件和文件夹的创建改名和删除
📖 文件和文件夹的复制剪切和移动
📖 文件和文件夹的搜索

任务 1　Windows 7 基本操作

➡ 实训目的

（1）熟悉 Windows 7 的启动与退出。
（2）掌握 Windows 7 常用桌面图标和任务栏的基本操作。
（3）掌握开始菜单和窗口的操作。

（4）掌握个性化设置方法。

（5）掌握日期、时间和输入法的设置方法。

实训要求

（1）能正确启动和关闭 Windows 7 系统。

（2）熟悉桌面图标、"开始"按钮、任务栏的功能及使用方法。

（3）熟悉窗口的基本操作。

（4）掌握主题、分辨率的调整方法。

（5）熟悉日期时间、输入法的设置方法。

1. Windows 7 桌面的组成

按下主机箱上的电源开关，计算机开机并进行自检，自检无误后，自动加载 Windows 7 操作系统，出现 Windows 7 桌面。

Windows 7 操作系统启动完成后，观察并认识桌面的各组成部分，如图 2.1 所示。

图 2.1 Windows 桌面的各组成部分

提示：

退出 Windows 7 时，必须先关闭所有正在运行的程序，然后再单击"开始"→"关机"按钮进行关机，不允许直接关闭电源，因为这样可能会导致数据丢失或者硬盘损坏。

2. 桌面图标的使用、设置及排列

1）使用图标打开相应窗口

（1）双击"计算机"图标，打开"资源管理器"窗口。单击"资源管理器"窗口右上角的

按钮，将窗口关闭。

（2）双击"回收站"图标，打开"回收站"窗口。单击"回收站"窗口右上角的 按钮，将窗口关闭。

2）在桌面上显示"控制面板"系统图标

（1）在桌面空白处右击，在弹出的快捷菜单中选择"个性化"命令，打开"个性化"设置窗口，如图 2.2 所示。

图 2.2 "个性化"设置窗口

（2）选择"个性化"窗口左上角的"更改桌面图标"命令，打开"桌面图标设置"对话框，如图 2.3 所示。

图 2.3 "桌面图标设置"对话框

（3）在"桌面图标设置"对话框中，选中"控制面板"复选框，单击"确定"按钮关闭对话框。

（4）单击"个性化"设置窗口右上角的 按钮，关闭窗口。

（5）可以在桌面上看到显示出的"控制面板"图标。

3）调整桌面图标的大小

在桌面空白处右击，在弹出的快捷菜单中选择"查看"→"大图标"/"中等图标"/"小图标"，如图2.4所示，可以将桌面图标设置为不同大小，如图2.5所示。

图2.4　"查看"菜单　　　　　　　　图2.5　不同大小的图标

4）桌面图标的隐藏和还原

（1）在桌面空白处右击，在弹出的快捷菜单中选择"查看"→"显示桌面图标"，可以将桌面图标全部隐藏。

（2）再次在桌面空白处右击，在弹出的快捷菜单中选择"查看"→"显示桌面图标"，可以恢复桌面图标的显示。

5）图标的排列设置

（1）用鼠标将桌面上的"计算机"图标、"回收站"图标、"控制面板"图标拖离原来的位置，如图2.6所示。

（2）在桌面空白处右击，在弹出的快捷菜单中选择"排序方式"→"项目类型"，如图2.7所示，则桌面上的图标即按项目类型来排列整齐，如图2.8所示。

图2.6　打乱排列的图标　　　图2.7　排列图标快捷菜单　　　图2.8　按项目类型排好的图标

3. "开始"菜单的操作

1）"开始"菜单的组成

（1）单击"开始"按钮，弹出"开始"菜单。

（2）观察"开始"菜单的组成，左侧窗格是常用程序的快捷启动项，用于程序的快速启动；左下方是"搜索"框，用于在计算机上查找程序和文件；右侧窗格提供对常用文件夹、文件、设置和功能的访问。

2）从"开始"菜单打开文字处理程序 Word

（1）单击"开始"按钮→"所有程序"→"Microsoft Office"→"Microsoft Word 2010"，打开 Word 应用程序窗口。

（2）单击 Word 程序窗口右上角的 ▉X▉ 按钮，关闭程序。

3）将常用程序锁定到"开始"菜单

（1）单击"开始"按钮，移动鼠标指向"计算器"，在其上右击，在弹出的快捷菜单中选择"附到「开始」菜单"，如图 2.9 所示。

（2）"计算器"的图标显示在"开始"菜单的顶端区域。

图 2.9 将"计算器"快捷方式附加到"开始"菜单上

4）解锁程序项

单击"开始"按钮，指向"计算器"程序右击，在快捷菜单中选择"从[开始]菜单解锁"，如图 2.10 所示。

5）自定义开始菜单

（1）鼠标指向"开始"按钮，右击，在打开的快捷菜单中选择"属性"命令，出现"任务栏和「开始」菜单属性"对话框，如图 2.11 所示。

图 2.10　将"计算器"程序从"开始"菜单解锁

图 2.11　"任务栏和「开始」菜单属性"对话框

（2）取消"隐私"选项组中"存储并显示最近在「开始」菜单中打开的程序"选项前面的 ☑，单击"确定"按钮，则"开始"菜单中不会再显示常用程序。

（3）单击"开始"按钮打开"开始"菜单，注意观察鼠标指向菜单右侧的"计算机"后的反应。

（4）右击"开始"按钮，在弹出的快捷菜单中选择"属性"命令，在弹出的"任务栏和「开始」菜单属性"对话框中，单击"自定义"按钮，在出现的"自定义「开始」菜单"对话框中，选中"计算机"组的"显示为菜单"单选按钮，如图 2.12 所示，单击"确定"按钮退出，再单击"确定"按钮关闭对话框。

（5）再次单击"开始"按钮打开"开始"菜单，观察鼠标指向菜单右侧的"计算机"后的反应，现象如图 2.13 所示。

图 2.12 "自定义「开始」菜单"对话框

图 2.13 自定义"开始"菜单前后效果对比

4. 任务栏的操作

1）任务栏的锁定和解除锁定

右击任务栏空白处，在出现的快捷菜单中确认"锁定任务栏"项为未选中状态，如若为选中，则单击该项，即可改变为未选中。

2）调整任务栏的高度和位置

（1）将鼠标指针指向任务栏的上边界，指针将变成双向箭头 ，按住鼠标左键向上拖动，到达满意大小后，松开鼠标即可。

（2）将鼠标指针指向任务栏的空白处，按住鼠标左键拖动，即可将任务栏拖到屏幕的上下左右4个边上。

3）设置任务栏的自动隐藏

（1）右击任务栏空白处，在出现的快捷菜单中选择"属性"命令，打开"任务栏和「开始」菜单属性"对话框，如图2.14所示。

图2.14 "任务栏和「开始」菜单属性"对话框

（2）在该对话框中，选中"自动隐藏任务栏"复选框，单击"确定"按钮关闭对话框。

（3）观察：鼠标指针没有指向桌面最下方时，任务栏自动隐藏，变成一根线；当鼠标指针指向桌面最下方时，任务栏又自动出现。

4）改变任务栏按钮显示方式

（1）将鼠标移至任务栏最右端的小方块并单击，显示出桌面。

（2）双击"计算机"图标和"回收站"图标，打开相应的窗口。

（3）观察任务栏，快速启动区中资源管理器图标为如图2.15（a）所示的状态。

（4）右击任务栏空白处，选择"属性"命令，打开"任务栏和「开始」菜单属性"对话框，将"任务栏按钮"一项设为"从不合并"，单击"确定"按钮关闭对话框。

（5）观察任务栏上，快速启动区中资源管理器图标变为如图2.15（b）所示的状态。体会这两种选项的含义。

（a）　　　　　　　　　　　　　　　　（b）

图2.15 "始终合并，隐藏标签"状态和"从不合并"状态下的任务栏

（6）将任务栏状态还原成"始终合并，隐藏标签"。

5）在通知区域显示 U 盘图标

当计算机外接了移动设备，如 U 盘，默认情况下，U 盘的图标处于隐藏状态。以下操作，可以让 U 盘图标显示在通知区域。

（1）在任务栏空白处右击，在弹出的快捷菜单中选择"属性"命令，打开"任务栏和「开始」菜单属性"对话框。

（2）在"任务栏和「开始」菜单属性"对话框中单击"自定义（C）"按钮，如图 2.16 所示，弹出"选择在任务栏上出现的图标和通知"对话框，如图 2.17 所示。

图 2.16　设置任务栏通知区域

图 2.17　"选择在任务栏上出现的图标和通知"对话框

（3）取消"始终在任务栏上显示所有图标和通知"复选框前的勾选，单击列表栏中"Windows任务管理器"右侧的下拉箭头，选择"显示图标和通知"，并再次选中"始终在任务栏上显示所有图标和通知"一项，如图2.18所示，单击"确定"按钮关闭对话框。

图2.18　设置显示U盘图标

6）将程序锁定到任务栏

（1）单击"开始"→"画图"，打开"画图"应用程序。

（2）将鼠标移动到任务栏中的"画图"对应的任务按钮上并右击，在弹出的快捷菜单中选择"将此程序锁定到任务栏"命令，如图2.19所示。

图2.19　将程序锁定到任务栏

（3）关闭"画图"程序，可以发现，"画图"按钮仍然留在任务栏上，并且成了快速启动区的一部分，以后再需要启动"画图"程序，则可以单击任务栏上快速启动区中的"画图"按钮。

5. 窗口的操作

1）窗口的最大化/还原、最小化/还原、关闭操作

（1）双击桌面上的"计算机"图标，打开"资源管理器"窗口。

（2）单击"资源管理器"窗口右上角的 ▬ 按钮，观察窗口最小化，在桌面上消失，只剩任务栏上的任务按钮。

（3）单击任务栏上"资源管理器"任务按钮，将"资源管理器"窗口还原在桌面上。

（4）单击"资源管理器"窗口右上角的 ▢ 按钮，观察窗口最大化，充满整个屏幕，并且右上角三个按钮中间的一个变成"还原"按钮 ▣ 。单击"还原"按钮 ▣ ，观察窗口由最大化还原为原始大小。

（5）单击"资源管理器"窗口右上角的 ✕ 按钮，将窗口关闭。

2）调整窗口大小

（1）双击桌面上的"计算机"图标，打开"资源管理器"窗口。

（2）确认"资源管理器"窗口处于非最大化状态。将鼠标指向窗口边框，当指针变成上下或左右箭头时，按下左键拖曳鼠标，观察窗口在高度或宽度上产生变化。移动鼠标指向窗口的任意一个角，当指针变成斜向箭头时，按下左键拖曳鼠标，观察窗口同时在高度和宽度上变化。

3）移动窗口位置

（1）确认"资源管理器"窗口处于非最大化状态。

（2）将鼠标指向"资源管理器"窗口上方的标题栏，按下鼠标左键不放并移动鼠标，观察整个窗口随鼠标在桌面范围内到处移动，移动到满意的地方后，松开鼠标左键。

4）使用 Aero Snap 功能调整窗口

（1）单击"资源管理器"窗口后并拖曳其标题条至桌面的左右边框，观察窗口填满该侧桌面的半部。

（2）拖曳"资源管理器"窗口至桌面上缘，观察窗口放到最大。

（3）拖曳最大化的"资源管理器"窗口标题条，使其离开屏幕上缘，则窗口恢复原始大小。

（4）单击"资源管理器"窗口的边框并拖曳至桌面上缘或下缘会使得窗口垂直放到最大，但宽度不变，逆向操作后窗口则会恢复原貌。

5）多窗口的切换

（1）确认"资源管理器"窗口未关闭，再双击桌面上的"回收站"图标，打开"回收站"窗口。

（2）仔细观察最后打开的"回收站"窗口和事先打开的"资源管理器"窗口叠放关系的不同和标题条右侧关闭按钮颜色的不同，"回收站"窗口位于最前端，"资源管理器"窗口被遮在后面，并且"回收站"窗口的"关闭"按钮是红色，"资源管理器"窗口的"关闭"按钮无红色，表示是当前窗口。

（3）将鼠标指针移到"资源管理器"窗口的标题条上并单击，观察"资源管理器"窗口被显示在最前端并且其"关闭"按钮变成红色。

提示：

要切换当前窗口，除了可以单击窗口的标题条外，还有另外两个方法：

（1）用鼠标单击任务栏上对应的任务按钮。

（2）按 Alt+Tab 组合键或 Alt+Esc 组合键可以在所有打开的窗口之间进行切换。

6）多窗口排列

当桌面上同时打开多个窗口时，可以对窗口进行排列。排列的方式有3种：层叠、堆叠和并排。

（1）在任务栏空白处右击，在弹出的快捷菜单中可进行选择，如图2.20所示。

图2.20　对窗口进行排列的快捷菜单

（2）选择"层叠窗口"选项，效果如图2.21所示。

图2.21　层叠窗口的效果

（3）选择"堆叠显示窗口"选项，效果如图2.22所示。

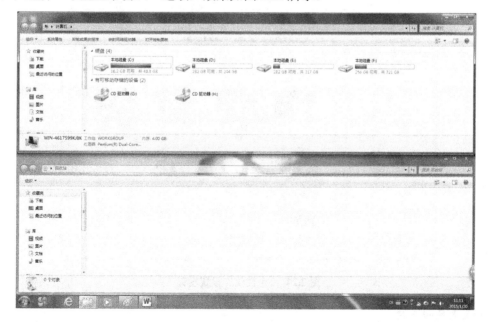

图2.22　堆叠显示窗口的效果

（4）选择"并排显示窗口"选项，效果如图 2.23 所示。

图 2.23　并排显示窗口的效果

6．个性化设置

关闭桌面上所有窗口。在桌面任意空白处右击，在弹出的快捷菜单中选择"个性化"命令，出现"个性化"设置窗口，如图 2.24 所示。

图 2.24　"个性化"设置窗口

1）设置桌面主题

选择桌面主题为 Aero 主题的"风景"，观察桌面主题的变化。

每种主题中，都包含桌面背景、窗口颜色、声音和屏幕保护程序4个子项的设置。

2）设置桌面背景

单击"个性化"设置窗口中左下方的"桌面背景"，选择"自然"组中的所有图片，设置"更改图片时间间隔"项为10分钟，选中"无序放映"项，单击"保存修改"按钮退出。

3）设置窗口颜色

单击"个性化"设置窗口下方的"窗口颜色"，打开"窗口颜色和外观"窗口。选择一种窗口的颜色，比如"浅绿色"，观察窗口边框颜色从原来的暗灰色变为了浅绿色，最后单击"保存修改"按钮退出。

4）设置屏幕保护程序

设置屏幕保护程序为三维文字，屏幕保护等待时间为5分钟。

（1）单击"个性化"设置窗口下方的"屏幕保护程序"，出现"屏幕保护程序设置"窗口，如图 2.25 所示，在"屏幕保护程序"下拉框中选择"三维文字"，在"等待"下拉框中选择"5 分钟"，然后单击"设置"按钮。

图2.25　屏幕保护程序设置

（2）在出现的对话框的"自定义文字"框中输入"休息一下"，然后单击"选择字体"按钮，选择需要的字体，然后单击"确定"按钮退出。

（3）如果希望在屏保程序退出时询问密码，可选中"屏幕保护程序设置"窗口中的"在恢复时显示登录屏幕"复选框。

至此，个性化设置完成，原主题已产生变化，如果需要保存这些改变，可以使用"个性化"设置窗口中的"保存主题"命令进行保存，保存之后，关闭"个性化"设置窗口。

7. 屏幕分辨率及窗口外观调整

1）更改屏幕分辨率

在桌面空白处右击，在弹出的快捷菜单中选择"屏幕分辨率"选项，在出现的窗口中，展开"分辨率"栏中的下拉列表，设置屏幕分辨率为1280×800，然后单击"应用"按钮。

2）设置窗口显示字体

在"屏幕分辨率"设置窗口中，选择下方的"放大或缩小文本和其他项目"文字，在出现的窗口中，选择"较大-150%"，然后单击"应用"按钮即可。该设置生效后，会发现窗口字体的大小发生了改变。

8. 创建桌面快捷图标

右击桌面空白处，在弹出的快捷菜单中选择"新建"→"快捷方式"命令，打开"创建快捷方式"对话框，在"请键入对象的位置"文本框中输入 mspaint.exe 文件的路径"C:\Windows\system32\mspaint.exe"（或通过"浏览"选择），单击"下一步"按钮，在"键入该快捷方式的名称"文本框中输入"画图"，再单击"完成"按钮即可，如图2.26所示。

图 2.26 创建快捷方式

9. 设置日期和时间

单击任务栏右侧的时间区，在出现的窗口下方选择"更改日期和时间设置"，在随后出现的"日期和时间"对话框中单击"更改日期和时间"按钮，出现如图 2.27 所示的对话框，在其中更改日期和时间即可。

图 2.27 "日期和时间设置"对话框

10. 输入法的添加与删除

（1）单击"开始"→"控制面板"，选择"时钟、语言和区域"项目下的"更改键盘或其他输入法"，打开"区域和语言"对话框，选择其中的"更改键盘"按钮，打开"文本服务和输入语言"对话框，如图2.28所示。

图 2.28　"文本服务和输入语言"对话框

（2）在"文本服务和输入语言"对话框中，单击"添加"按钮，在弹出的对话框中选择需要的输入法，单击"确定"按钮即可。

（3）在"文本服务和输入语言"对话框中，选择需要删除的输入法，单击"删除"按钮即可。

任务2　Windows 7 文件管理

实训目的

（1）熟悉"资源管理器"的打开与关闭。

（2）掌握使用"资源管理器"对文件和文件夹进行操作和管理。

（3）掌握复制、移动和粘贴的方法。

实训要求

（1）熟悉打开与关闭"资源管理器"窗口。

（2）熟练使用"资源管理器"对文件和文件夹进行操作，包括文件和文件夹的建立、重命名、复制、移动 、删除，进行文件属性的设置等。

（3）熟悉回收站的操作。

1. 打开资源管理器

双击桌面上的"计算机"图标，打开"资源管理器"窗口。

提示：

"资源管理器"的启动方法还有：

（1）选择"开始"→"所有程序"→"附件"→"Windows 资源管理器"命令。

（2）右击"开始"按钮，在弹出的快捷菜单中选择"打开 Windows 资源管理器"命令。

（3）按 Windows 键和 E 键。

2. 设置文件及文件夹的显示方式和排序方式

1）改变文件和文件夹的显示方式

在"资源管理器"中单击右上方"更改视图"按钮右侧的箭头，如图2.29所示，或在"资源管理器"右边窗口的空白处右击，选择"查看"菜单，分别选择"超大图标"、"大图标"、"中等图标"、"小图标"、"列表"、"详细信息"、"平铺"、"内容"等菜单项，可以改变文件夹及文件的排列方式。

图2.29　改变文件和文件夹的显示方式

2）改变文件和文件夹的排序方式

（1）在"资源管理器"右侧窗口中双击"本地磁盘（C:）"，进入C盘列表。

（2）在"资源管理器"右侧窗口的空白处右击，选择"排序方式"菜单，如图2.30所示，选择按"名称"、"大小"或"类型"等，图标的排列顺序随之改变。

图2.30　改变文件和文件夹的排列方式

3. 文件和文件夹的选择与取消选择

（1）保持"资源管理器"窗口中右窗格以详细信息显示的方式，任意单击一个文件或文件夹，该文件或文件夹变为蓝色，则表示已选中，如图2.31所示。

图 2.31 选择单个文件或文件夹

（2）在"资源管理器"窗口空白处单击，取消刚才的选择。

（3）选择"组织"→"全选"命令，可将右窗格中的所有文件和文件夹一次性全部选定，如图 2.32 所示。

图 2.32 选择全部文件或文件夹

（4）在"资源管理器"窗口空白处单击，取消刚才的选择。

（5）在右窗格中单击一个文件或文件夹，然后按住 Shift 键不放，再单击另一个文件或文件夹，则这两次单击之间的文件或文件夹都被选中，如图 2.33 所示。

（6）在"资源管理器"窗口空白处单击，取消刚才的选择。

（7）在右窗格中单击一个文件或文件夹，然后按住 Ctrl 键不放，再单击其他的文件或文件夹，则所有被单击的文件或文件夹都被选中，如图 2.34 所示。

图 2.33　选择多个连续文件或文件夹

图 2.34　选择多个不连续文件或文件夹

（8）在"资源管理器"窗口空白处单击，取消刚才的选择。

按照后面讲解的知识，将完成如下操作：

（1）建立如图 2.35 所示文件夹结构。

（2）把"备注.txt"文件和"课表.docx"文件复制到"课件"文件夹中。

（3）把"课件"文件夹重命名为"上课资料"。

（4）把"备注.txt"文件和"课表.docx"文件移动到"临时"文件夹中。

（5）删除"临时"文件夹。

（6）恢复被删除的"临时"文件夹。

图2.35 操作文件夹结构

4. 文件和文件夹的创建和改名

（1）在"资源管理器"窗口左窗格中单击"本地磁盘（C:）"，C盘根目录下的所有内容出现在右窗格中。

（2）在右窗格的空白处右击，在弹出的快捷菜单中选择"新建"→"文件夹"命令，如图2.36所示。

图2.36 在C盘根目录下新建文件夹

（3）在"资源管理器"窗口的右窗格中出现一个新文件夹，默认的名称是"新建文件夹"，并且名字呈选中状态，后面有光标在闪动。

（4）打开汉字输入法，输入"练习"两字，按键盘上的Enter键，完成文件夹创建，结果如图2.37所示。

（5）在右窗格中双击"练习"文件夹图标，进入"练习"文件夹，重复步骤（2）～步骤（4），建立起"班级"、"课件"、"临时"文件夹，结果如图2.38所示。

图 2.37　在 C 盘根目录下建立"练习"文件夹

图 2.38　建立好的第一层文件夹

（6）在右窗格空白处右击，在弹出的快捷菜单中选择"新建"→"文本文档"命令，右窗格中出现一个新文件，默认的名称是"新建文本文档.txt"，并且名字呈选中状态，后面有光标在闪动，打开汉字输入法，输入"备注"，按 Enter 键，完成文本文件创建。

（7）在右窗格空白处右击，在弹出的快捷菜单中选择"新建"→"Microsoft Word 文档"，右窗格中出现一个新文件，默认的名称是"新建 Microsoft Word 文档.docx"，并且名字呈选中状态，后面有光标在闪动，打开汉字输入法，输入"课表"，按"Enter"键，完成文档文件创建，结果如图 2.39 所示。

图 2.39　创建好的 3 个文件夹和 2 个文件

（8）双击右窗格中的"班级"图标，进入"班级"文件夹。

（9）在右窗格空白处右击，在弹出的快捷菜单中选择"新建" → "Microsoft Excel 工作表"，右窗格中出现一个新文件，默认的名称是"新建 Microsoft Excel 工作表.xlsx"，并且名字呈选中状态，后面有光标在闪动，打开汉字输入法，输入"成绩"，按 Enter 键，完成工作表文件创建。

（10）重复步骤（9）建立"记录.doc"文件，完成的结果如图 2.40 所示。

图 2.40　完成"班级"文件夹内容创建

（11）单击"资源管理器"窗口左上角的"返回"按钮 ，返回到"练习"文件夹。

（12）在右窗格中双击"课件"，进入"课件"文件夹。

（13）在右窗格的空白处右击，在弹出的快捷菜单中选择"新建"→"文件夹"命令，创建"下载资料"文件夹。

至此，如图 2.35 所示文件结构创建完毕。

5. 文件和文件夹的复制剪切移动

（1）单击"资源管理器"窗口上方地址栏中的"练习"，进入"练习"文件夹。

（2）按住鼠标左键拖曳出一个虚线框，框住"备注.txt"和"课表.doc"文件将它们选中，使用键盘上的 Ctrl+C 组合键，将这两个文件复制到剪贴板。

（3）双击右窗格中的"课件"，进入"课件"文件夹。

（4）在空白处右击，在弹出的快捷菜单中选择"粘贴"命令，将原位于"练习"文件夹中的这两个文件复制到"课件"文件夹。

（5）单击"资源管理器"窗口上方地址栏中的"练习"，进入"练习"文件夹。

（6）在右窗格中用鼠标右键单击"课件"文件夹，在弹出的快捷菜单中选择"重命名"命令，原来的文件夹名变成可编辑状态，打开输入法，输入"上课资料"，并按 Enter 键，完成文件夹重命名。

（7）单击"资源管理器"窗口上方地址栏中的"练习"，进入"练习"文件夹。

（8）使用鼠标左键拖曳框选"备注.txt"文件和"课表.docx"文件，在"备注.txt"文件上按下鼠标左键不放，移动鼠标指针至"备份"文件夹上松开，如图 2.41 所示，完成文件移动。

图 2.41　移动文件至"临时"文件夹

6. 文件和文件夹的删除与恢复

（1）在右窗格中，右击"临时"文件夹，在弹出的快捷菜单中选择"删除"命令，在随后出现的"删除文件夹"对话框中单击"是（Y）"按钮，完成文件夹删除。

（2）单击任务栏最右端的方块，显示出桌面，双击"回收站"图标，打开"回收站"窗口，找到其中的"临时"文件夹，使用鼠标右键单击，在弹出的快捷菜单中选择"还原"命令，"临时"文件夹在"回收站"窗口中消失，然后单击任务栏上的"资源管理器"任务按钮将"资源管理器"窗口还原，可以发现"临时"文件夹又出现在了"练习"文件夹中。

7. 查看并设置文件和文件夹的属性

（1）在右窗格中右击"班级"文件夹，在弹出的快捷菜单中选择"属性"，出现属性对话框，在"常规"选项卡上，可以看到"班级"文件夹的类型、位置、大小、占用空间、包含的文件夹及文件数、创建时间、属性等信息，如图2.42所示。

图2.42 "文件/文件夹属性"对话框

（2）单击窗口中的"只读"项，取消"班级"文件夹的只读属性；选中"隐藏"项，使"班级"文件夹成为隐藏文件夹，单击"确定"按钮，在随后出现的"确认属性更改"对话框中，选中"将更改应用于此文件夹、子文件夹和文件"单选按钮，如图 2.43 所示，单击"确定"按钮关闭对话框。

图2.43 "确认属性更改"对话框

（3）观察"资源管理器"窗口中，"班级"文件夹消失。

8．控制窗口内显示/不显示隐藏文件（夹）

（1）单击"资源管理器"窗口左上方的"组织"按钮，选择"布局"→"菜单栏"，窗口上方地址栏下方出现菜单栏，如图2.44所示。

（2）选择"工具"→"文件夹选项"，出现"文件夹选项"对话框。

（3）在"文件夹选项"对话框中，单击"查看"选项卡，拖曳"高级设置"的下拉滑块到最底部，选择其中"隐藏文件和文件夹"项下面的"显示隐藏的文件、文件夹和驱动器"项目，如图2.45所示，单击"确定"按钮关闭对话框。

图 2.44　显示菜单栏

图 2.45　"文件夹选项"对话框

（4）观察"资源管理器"窗口中，"班级"文件夹再次出现，但其图标为浅灰色，表示为显示出来的隐藏文件夹。

（5）再次打开"属性"对话框，取消"班级"文件夹的隐藏属性。

综合练习题

1. 将桌面上的"计算机"图标放置到桌面的右上角。

2. 将系统时间设置为 2014 年 10 月 2 日，上午 8:30:00。

3．将屏幕保护程序设置为"变幻线"，等待时间设置为 3 分钟。

4．将画图程序锁定到任务栏，并将画图程序附到"开始"菜单的常用程序列表中。

5．隐藏任务栏。

6．完成以下操作。

（1）在 C 盘根目录下创建新文件夹，命名为"考生"。

（2）在"考生"文件夹下新建 2 个子文件夹"WEB"和"MAIL"。

（3）在"考生"文件夹中"WEB"文件夹下新建一个文本文件，命名为"a.txt"。

（4）将"考生"文件夹中"WEB"文件夹中的文件"a.txt"移动到"考生"文件夹下"MAIL"文件夹中，并将"a.txt"更名为"b.txt"。

7．打开画图程序，并将 Word 2010 中的"字体"对话框截屏到画图程序中，将文档以"111.jpg"为名称，保存到"考生"文件夹中。

8．在桌面的右上角处添加一个时钟小工具，更改时钟样式为第 6 种样式。

项目 3

字处理软件 Word

　　字处理是对文字信息进行加工处理的过程，计算机字处理是利用计算机在某种文档处理软件中新建文档、编辑内容、保存文件，并进行排版、美化等操作，按需要的格式打印输出的过程。Microsoft Word 2010 属于字处理软件之一，在 Word 中，可以很方便地创建和编辑诸如论文、申请、红头文件等具有专业外观的文档。

➡ 本项目主要内容

　📖 新建、保存、关闭、打开文档
　📖 插入特殊符号
　📖 查找和替换操作
　📖 复制、移动操作
　📖 字体格式设置
　📖 段落格式设置
　📖 表格处理
　📖 图文混排
　📖 页面设置和分栏设置
　📖 长文档处理
　📖 邮件合并

任务 1　基本操作

➡ 实训目的

（1）掌握新建 Word 文档的方法。
（2）掌握文字编辑的基本操作。

（3）掌握保存文档、打开文档的操作方法。

（4）熟悉查找、替换操作。

（5）掌握移动、复制文本的操作。

（6）掌握关闭和退出 Word 的方法。

实训要求

（1）能启动 Word 软件，正确新建、编辑、保存及打开 Word 文档。

（2）正确认识 Word 文档的其他格式。

（3）能在 Word 文档中按要求进行移动、复制、查找、替换操作。

（4）能正确设置页面背景。

（5）能正常关闭、退出 Word 应用程序。

1. 启动 Word 应用程序

执行"开始"→"所有程序"→"Microsoft Office" →"Microsoft Word 2010"命令，打开 Word 应用程序窗口，如图 3.1 所示。

图 3.1　启动 Word 应用程序

提示：

也可以采用以下方法启动 Word 应用程序。

（1）利用快捷图标启动 Word。如果在桌面上建立有 Word 的快捷方式图标，双击该图标即可启动 Word。

（2）通过打开 Word 文档启动 Word。利用"资源管理器"或"计算机"找到要打开的 Word 文档，双击该 Word 文档图标，或右击该图标，从弹出的快捷菜单中执行"打开"命令，即可启动 Word，同时打开此文档。

2. 新建 Word 文档

启动 Word，系统自动创建一个默认的名为"文档1"的空白文档，如图 3.2 所示。如果用户需要创建的新文档不是普通文档而是一些特殊文档，如简历、备忘录、信函或传真等，则可使用 Word 提供的模板来建新文档。

图 3.2　Word 界面

提示：

也可以采用以下方法新建 Word 文档。

（1）选择"文件"选项卡→"新建"命令，选择"空白文档"，单击"创建"按钮。

（2）单击"快速访问工具栏"→"新建"按钮，或按 Ctrl+N 组合键，新建一个默认的空白文档。

3. 输入 Word 文档

在空白文档中，输入下面的内容。在输入的过程中，注意中文标点的处理。

虽然直到 9 月中旬微软才正式发出邀请函，宣布于 10 月 25 日在美国纽约发布其全新一代的操作系统 Windows 8（同时 Windows RT（ARM 版）也一同发布），但是相信许多心急的网友朋友们已经通过微软之前放出的各个版本体验到了 Windows 8 给我们带来的各种不同。Windows 8 作为微软一款具有革命性变化的操作系统，不仅在视觉上给我们带来了全新的体验，而且在功能、操作习惯等方面的变化也成了广大网友朋友们所谈论的焦点。

Windows 8 如何安装到计算机？

答：在我们的 PC 上安装 X86 版 Windows 8 与之前我们所熟知的系统安装基本一致，有这样几种方法：①将下载的镜像文件刻录到光盘中，通过光盘进行安装；②将下载的镜像文件制作成启动 U 盘，通过 U 盘安装；③利用下载好的镜像文件，通过虚拟机安装。此外，还可以在已有的 Windows 7 系统上直接升级 Windows 8 来进行安装。

之前的应用程序对 Windows 8 兼容性如何？

答：就像早前 Windows 7 发布之初一样，绝大部分应用程序均可在 Windows 8 上运行，只有一小部分软件会出现 BUG，但相信随着新系统的普及，这些问题也都会逐步消失。当然，我们这里所说的兼容性仅仅是指 X86 架构环境下的应用。而对于 ARM 版的 Windows 8 RT 来说，它是无法兼容普通 X86 软件的。

Windows 8 最重要的功能是什么？与 Windows 7 最大的区别在哪？

答：全新的 Windows 8 系统基本上是从现有的 Windows 7 系统基础上升级而来的，使用中的上手度较高。而对于普通用户来说，其最大的特点则是整合了"开始"菜单，由原先的列表式变成了一个页面，不仅更加有利于触摸应用，而且在体验上也有着与之前截然不同的改变。此外，Windows 8 除了在界面、细节等方面的变化以外，还更加强调了"云"概念的应用，通过 Microsoft 账户，可以让计算机真正成为你的个性化计算机等。

Windows 8 各版本类型有哪些？

答：与 Windows 7 一样，Windows 8 系统细分出各种不同版本类型，如 Windows 8 家庭高级版、Windows 8 专业版、Windows 8 专业+版以及 Windows 8 旗舰版等，大家可以根据不同的需要来进行选择。我们下面总结出了 Windows 8 系统的几个大的分类：

Windows 8 核心版

一般称为 Windows 8，适用于台式机和笔记本用户以及普通家庭用户。对普通用户来讲，Windows 8 就是最佳选择。该版本包括全新的 Windows 商店、Windows 资源管理器、任务管理器等，还将包含以前仅在企业版/旗舰版中才提供的功能服务。针对中国等新型市场，微软将提供本地语言版 Windows 8，即 Windows 8 中文版。

Windows 8 专业版

一般称为 Windows 8 Pro。面向技术爱好者和企业/技术人员，内置一系列 Windows 8 增强的技术，包括加密、虚拟化、PC 管理和域名连接等。

Windows 8 企业版

将包括 Windows 8 专业版的所有功能，另外为了满足企业的需求，Windows 8 企业版还将增加 PC 管理和部署，先进的安全性，虚拟化等功能。

Windows 8 RT

专门为 ARM 架构设计的，无法单独购买，只能预装在采用 ARM 架构处理器的 PC 和平板电脑中。Windows RT 无法兼容 X86 软件，但将附带专为触摸屏设计的微软 Word、Excel、PowerPoint 和 OneNote。

4. 保存 Word 文档

（1）打开保存对话框。

选择"文件"选项卡→"保存"命令，或者单击"快速访问工具栏"→"保存按钮" 🖫，弹出如图 3.3 所示的"另存为"对话框。

（2）选择保存位置：C 盘。

在 Word 中，文档默认保存的位置是在"文档库"中，单击"导航窗格"→"计算机"→"本地磁盘 C:"，将文档存放在 C 盘的根文件夹下。

（3）使用你的姓名作为该 Word 文档的文件名进行保存。

在"文件名"列表框中，将保存的文档名改为你的姓名。这里保存的文档名是"张三.docx"。

（4）保存。单击"保存"按钮，即把刚才输入的内容使用指定的文件名保存了。

图 3.3 "另存为"对话框

（5）退出 Word 应用程序。

保存完毕后，单击 Word 窗口中的 ▆▆×▆ 按钮，或者选择"文件"选项卡→"退出"命令退出整个 Word 应用程序。

也可以采用以下方法退出 Word 应用程序：单击任务栏上的 Word 图标，关闭想要关闭的文档；或按 Alt＋F4 组合键；或双击 Word 2010 标题栏左侧的程序图标。

提示：

Word 新建的文件，默认保存的类型名为.docx。为了保证以后在制作编辑文档的过程中，能够随时随地保存文件内容，用户可以在如图 3.4 所示的"选项"对话框的"保存"选项卡中，选中"保存自动恢复信息时间间隔"复选框，可以调整自动恢复文档的时间间隔。

图 3.4 "Word 选项"对话框

5. 打开并修改已保存的 Word 文档

1）打开刚才保存的 Word 文档

（1）再次启动 Word 程序，选择"文件"选项卡→"打开"命令，或者按下 Ctrl+O 组合键，弹出如图 3.5 所示的"打开"对话框。

图 3.5　Word "打开" 对话框

（2）在"导航窗格"的"计算机"组中选择刚才保存文档的位置 C 盘，并找到你的姓名.docx 文档（这里保存的是"张三.docx"），最后单击"打开"按钮将该文档打开。

提示：

在"文件"选项卡中，选择"最近所用文件"命令，在列出的文档名称中，根据需要单击相应的文档名就可以打开相应的 Word 文档。

2）为文档添加文章标题"Windows 8 热点问题"

（1）按 Ctrl+Home 组合键，将插入点定位到文档的最开始处，按 Enter 键，以便产生一个新的段落。

（2）按向上的方向键↑，将插入点定位在上面刚刚产生的段落标记前，输入该文章的标题"Windows 8 热点问题"。添加后的效果如图 3.6 所示。

> Windows 8热点问题↵
> 虽然直到9月中旬微软才正式发出邀请函，宣布于10月25日在美
> 作系统Windows 8（同时Windows RT（ARM版）也一同发布），但
> 们已经通过微软之前放出的各个版本体验到了Windows 8给我们帯
> 作为微软一款具有革命性变化的操作系统，不仅在视觉上给我们

图 3.6　添加标题后的效果

3）移动、复制操作

在 Word 中，一个"段落标记"称为一个自然段。

（1）移动操作。将文档中的第五、六自然段，移动到该文档的最后，成为新的段落。

① 将第五、六自然段选中，单击"开始"选项卡→"剪贴板"分组→"剪切"按钮，或直接按 Ctrl+X 组合键，将选定的内容移动存放到剪贴板上。

② 按 Ctrl+End 组合键，将插入点移动到文档末尾，再按 Enter 键，产生一个新的段落。

③ 在新段落处，单击"开始"选项卡→"剪贴板"分组→"粘贴"按钮，或直接按 Ctrl+V 组合键，将刚刚存放在剪贴板中的内容粘贴到此处，移动操作完成。

④ 保存操作结束的文档。

（2）复制操作。将第二自然段中的一部分内容复制到文档的最后。

① 选中第二自然段中的"Windows 8 作为微软一款具有革命性变化的操作系统，不仅在视觉上给我们带来了全新的体验，而且在功能、操作习惯等方面的变化也成了广大网友朋友们所谈论的焦点。"，然后单击"开始"选项卡→"剪贴板"分组→"复制"按钮，或直接按 Ctrl+C 组合键，将选定的内容复制存放到剪贴板上。

② 按 Ctrl+End 组合键，将插入点移动到文档末尾，再按 Enter 键，产生一个新的段落。

③ 在新段落处，单击"开始"选项卡→"剪贴板"分组→"粘贴"按钮，或直接按 Ctrl+V 组合键，将刚刚存放在剪贴板中的内容粘贴到此处，复制操作完成。

④ 保存操作结束的文档。

4）查找、替换操作

在对 Word 文档进行编辑修改时，有时需要对文档中的某个字、词等进行查找、替换等操作。查找可以是替换操作的步骤之一。查找、替换不仅可以对文本操作，还可以查找、替换特殊字符，如换行符、段落标记、字符格式等。

将文档中所有的"Windows 8"替换成"加粗"字形的"Windows 8 操作系统"。

① 按 Ctrl+Home 组合键将插入点文档最开始处。

② 单击"开始"选项卡→"编辑"分组→"替换"按钮，或者直接按 Ctrl+H 组合键，打开"查找和替换"对话框，如图 3.7 所示。

图 3.7 "查找和替换"对话框

③ 在"查找内容"文本框中输入"Windows 8"，在"替换为"文本框中输入"Windows 8 操作系统"，单击"更多（M）"按钮，选择"格式"按钮中的"字体"命令，在"字体"对话框中设置"字形"为"加粗"，单击"确定"按钮，返回"查找和替换"对话框，单击"全部替换"按钮进行替换。

④ 保存操作结束的文档。

6. 设置页面背景

单击"页面布局"选项卡→"页面背景"分组→"页面颜色"按钮→"填充效果（F）"命令，打开"填充效果"对话框，选择"渐变"选项卡，设置颜色为"单色"，颜色 1 为"标准色"中的"黄色"，滑块由"深色"滑向"浅色"，其参数设置如图 3.8 所示，单击"确定"按钮，完成页面背景为"渐变浅黄色"的制作。

提示：

如何在"打印预览"中显示文档的背景颜色？

选择"文件"选项卡→"选项"命令，打开"Word 选项"对话框，选择"显示"选项，在右窗格中的"打印选项"分组中，选中"打印背景色和图像"复选框，如图 3.9 所示。

图 3.8　填充效果设置　　　　　　　图 3.9　设置打印选项

7. 结束本任务操作

保存操作完成后的结果，预览效果如图 3.10 所示。然后使用 Windows 操作系统中关闭窗口的方法，结束 Word 的运行，退出 Word 应用程序。

图 3.10　任务 1 效果

任务 2　格式设置

➡ 实训目的

（1）掌握 Word 中字体格式和段落格式的设置。

（2）掌握格式刷的使用。

（3）掌握项目符号和编号的使用。

（4）熟悉为字符、段落等添加边框和底纹的操作。

（5）掌握为文档进行分栏的操作。

（6）掌握为段落设置首字下沉的操作方法。

➡ 实训要求

（1）将任务 1 完成后的文档重命名为"姓名_格式设置.docx"。

（2）为文档设置合适的"字体格式"和"段落格式"。

（3）正确使用 Word 中的格式刷。

（4）为段落添加项目符号和编号。

（5）能在 Word 文档中按要求添加字符、段落的边框和底纹。

（6）对文档中两个部分进行分栏操作。

（7）将各段落中的"答"设置为"首字下沉"。

1. 设置文档标题的"字符格式"和"段落格式"

将标题设置为：黑体、二号、加粗、发光和柔化边缘、居中、段后 1 行。

（1）选中标题文本"Windows 8 操作系统热点问题"。

（2）单击"开始"选项卡→"字体"分组→"字体"按钮，选择字体为"黑体"；单击"字号"按钮，选择字号为"二号"。单击"加粗"按钮，使标题文本加粗显示。

（3）单击"开始"选项卡→"字体"分组→"功能扩展"按钮，打开"字体"对话框，如图 3.11 所示。

图 3.11 "字体"对话框

单击"文字效果（E）"按钮，打开"设置文本效果格式"对话框，如图 3.12 所示。选择"发光和柔化边缘"选项，设置"预设"为"红色，18pt 发光，强调文字颜色 2"，单击"关闭"按钮，返回"字体"对话框，单击"确定"按钮，关闭"字体"对话框。

图 3.12 "设置文本效果格式"对话框

（4）单击"段落"分组中的"居中"按钮 ≡，使标题居中。

（5）单击"页面布局"选项卡→"段落"分组→"段后"值为 1 行。

（6）结束操作，保存文档。效果图如图 3.13 所示。

Windows·8操作系统热点问题

图 3.13 标题设置后的效果图

提示：

要设置"文本效果"，也可以使用"开始"选项卡→"字体"分组→文本效果"**A**"按钮中的相关选项。

2. 设置文档正文的"字体格式"和"段落格式"

将正文的第一段设置为：楷体、五号、字符间距加宽"1.3 磅"、首行缩进设置为"2 字符"、行距设置为"固定值"，值为"16 磅"。

（1）首先选中正文第一段文本。

（2）打开如图 3.11 所示的"字体"对话框。选择"中文字体"为"楷体"，"西文字体"为"使用中文字体"。

（3）选择"字体"对话框中的"高级"选项卡，选择"字符间距"分组→"间距"为"加宽"，"磅值"设置为"1.3"磅。单击"确定"按钮，关闭"字体"对话框。

（4）打开如图 3.14 所示的"段落"对话框，设置"特殊格式"为"首行缩进"，"度量值"默认为"2 字符"。选择"行距"为"固定值"或"最小值"，"设置值"为"16 磅"。

（5）单击"确定"按钮，关闭"段落"对话框。注意保存操作结束后的 Word 文档。

操作结束后的正文第一段的效果如图 3.15 所示。

图 3.14　"段落"对话框

虽然直到9月中旬微软才正式发出邀请函，宣布于10月25日在美国纽约发布其全新一代的操作系统Windows 8操作系统（同时Windows RT（ARM版）也一同发布），但是相信许多心急的网友朋友们已经通过微软之前放出的各个版本体验到了Windows 8操作系统给我们带来的各种不同。Windows 8操作系统作为微软一款具有革命性变化的操作系统，不仅在视觉上给我们带来了全新的体验，而且在功能、操作习惯等方面的变化也成为了广大网友朋友们所谈论的焦点。

图 3.15　正文第一段设置后的效果

3. 设置文档中的问题部分的"字体格式"和"段落格式"

将正文的第二段内容"Windows 8 操作系统如何安装到计算机？"设置为：四号、加粗并倾斜、红色、段前、段后各 1 行。

（1）选中第二段内容"Windows 8 操作系统如何安装到计算机？"。

（2）设置字符格式为：四号、加粗并倾斜、红色。

（3）打开如图 3.14 所示的"段落"对话框，设置该段落的"段前"、"段后"的值都为"1 行"。

（4）单击"确定"按钮，关闭"段落"对话框。设置后的效果为：

Windows 8操作系统如何安装到计算机？

4. 使用"格式刷"

将正文的"问题"段内容"Windows 8 操作系统最重要的功能是什么？与 Windows 7 最大的区别在哪？"等设置为与第二段相同的格式；将所有的"问题回答部分"各段落都设置为与正文第一段相同的格式。

（1）选中第二段内容"Windows 8 操作系统如何安装到计算机？"及段落标记。

（2）单击"开始"选项卡→"剪贴板"分组→"格式刷"按钮，鼠标指针变为格式刷的样式，再选中第四段整段内容（包括段落标记），即可完成对第四段格式设置的操作。效果为：

Windows 8操作系统最重要的功能是什么？与Windows7最大的区别在哪？

（3）选中正文第一段（包括该段的段落标记）。

（4）双击"剪贴板"分组→"格式刷"按钮，鼠标指针变为格式刷的样式，再分别选中第三、五段等所有的"问题回答部分"各段内容（包括段落标记），即可完成对所有的"问题回答部分"各段格式设置的操作，这些段落的格式与第一段完全相同。

提示：

单击"格式刷"，可使用一次；双击"格式刷"，可以连续使用多次。要取消使用"格式刷"，可按Esc键或者再一次单击"剪贴板"分组→"格式刷"按钮即可。

5．为文档设置"项目符号"和"编号"

为文档中的几个热点问题的题目添加"编号"，为Windows 8操作系统的几个版本添加"项目符号"。

（1）将插入点定位在正文的第二段，即"Windows 8操作系统如何安装到计算机？"这一段中。

（2）单击"开始"选项卡→"段落"分组→"编号"按钮，为该段添加一个编号"1."，采用"格式刷"应用"字符格式"和"段落格式"的方法，依次为后面几个热点问题的题目添加编号为"2."、"3."、"4."。

（3）将插入点定位在正文的第八段，即"Windows 8操作系统核心版"这一段中。

（4）单击"开始"选项卡→"段落"分组→"项目符号"按钮右侧→"定义新项目符号（D）"命令，打开"定义新项目符号"对话框，如图3.16所示。单击"符号（S）"按钮，在"符号"对话框中找到笑脸符号"☺"单击"确定"按钮。

图3.16 "定义新项目符号"对话框

（5）在如图3.16所示的对话框中，单击"字体（F）"按钮，设置该项目符号的字体格式为"加粗、红色"，然后返回"定义新项目符号"对话框，单击"确定"按钮，即完成对该段落项目符号的设置。其效果为：

☺ Windows 8操作系统核心版

（6）采用相同的方法，依次为后面几版本"专业版"、"企业版"、"RT"添加项目符号" 😊 "。

（7）注意保存操作完成后的文档。

6. 设置"边框和底纹"

为4个热点问题设置段落边框，为Windows 8操作系统的4个版本添加字符底纹。

（1）将插入点定位在正文的第二段，即"Windows 8操作系统如何安装到计算机？"这一段中。

（2）单击"开始"选项卡→"段落"分组→"下框线"右侧按钮 ▦ ▾ →"边框和底纹（O）"选项，打开"边框和底纹"对话框，如图 3.17 所示。在该对话框中设置边框为：阴影，线型的宽度为"3磅"，"应用于"选择"段落"，单击"确定"按钮，完成设置。

（3）采用相同的方法，依次为后面三个热点问题的题目设置与上一步相同的段落边框。

（4）选中正文的第八段，即"Windows 8操作系统核心版"。

（5）打开如图 3-17 所示的"边框和底纹"对话框，选择"底纹"选项卡，选择"填充"为"白色，背景1，深色15%"，"应用于"选择"文字"，单击"确定"按钮，完成设置。

图 3.17 "边框和底纹"对话框

（6）采用相同的方法，依次为后面三个版本设置与上一步完全相同的"字符底纹"。

提示：

也可以采用"格式刷"的方式完成设置"边框和底纹"的操作。

7. "分栏"操作

为正文的第一段和最后一段分成等长的两栏，并加上分隔线。

（1）选中正文第一段，包括该段落的段落标记。

（2）单击"页面布局"选项卡→"页面设置"分组→"分栏"按钮→"更多分栏（C）"命令，打开"分栏"对话框，如图 3.18 所示。在该对话框中选择"两栏"、"栏宽相等"、应用于"所选文字"，选中"分隔线"复选框，单击"确定"按钮，完成"分栏"操作。

（3）选中正文的最后一段，注意不能选中该段的段落标记。

（4）重复步骤（2），完成最后一段的分成等长栏的操作。注意保存 Word 文档。完成后的效果如图 3.19 所示。

图3.18　"分栏"对话框

图3.19　"分栏"后的效果

8. 设置"首字下沉"效果

为正文第一段设置"首字下沉"效果。

（1）将插入点置于已经分栏的第一段。

（2）单击"插入"选项卡→"文本"分组→"首字下沉"按钮，选择"首字下沉选项"，打开"首字下沉"对话框，如图3.20所示。选择"位置"为"下沉"，其余的选项默认，单击"确定"按钮，完成操作。

图3.20　"首字下沉"对话框

提示：

如果在同一个段落中"分栏"和"首字下沉"同时存在，一般会先进行"分栏"操作，后进行"首字下沉"的操作。

9. 结束本任务操作

保存操作完成后的结果，预览效果如图 3.21 所示。退出 Word 应用程序。

图 3.21　任务 2 效果

任务 3　表格处理

实训目的

（1）掌握 Word 中插入水印、SmartArt 图形及相关操作。

（2）掌握艺术字的插入与处理。

（3）掌握 Word 中绘制表格的基本方法。

（4）掌握编辑表格的基本方法。

（5）掌握设置表格的基本方法。

实训要求

（1）设计制作一份"大学新生入学季"的封面。

（2）制作表格式"大一新生调查表"。

1. 创建"大学新生入学季"的 Word 文档

（1）新建一个有 2 页的空白 Word 文档。

（2）保存在 C 盘的根文件夹中，文档名为"大学新生入学季_张三.docx"，表示是姓名为

"张三"的文档，其中"张三"在实际操作时重命名为操作者的姓名。

2. 封面制作

1）为文档添加水印

在第一页中完成封面的制作。

（1）选择"页面布局"选项卡→"页面背景"分组→"水印"按钮→"自定义水印"命令，打开"水印"对话框，如图3.22所示。

图3.22　"水印"对话框

（2）选中"图片水印"单选按钮，单击"选择图片"按钮，选择"Word任务三背景图.jpg"，缩放为"260%"，"冲蚀"效果，单击"确定"按钮。

2）插入页眉"放飞我们的梦想"

（1）使用鼠标双击文档的"页眉"处，输入"放飞我们的梦想"；同时会在 Word 功能选项卡区域出现"页眉和页脚工具：设计"选项卡，如图3.23所示。

图3.23　"页眉和页脚工具：设计"选项卡

（2）单击"关闭页眉和页脚"按钮。

3）插入艺术字"大学新生入学季"

（1）插入艺术字。单击"插入"选项卡→"文本"分组→"艺术字"按钮，选择样式"填充-红色，强调文字颜色2，暖色粗糙棱台"，输入"大学新生入学季"，完成艺术字的插入。

图3.24　"绘图工具：格式"选项卡

（2）美化艺术字。选中艺术字"大学新生入学季"，出现"绘图工具：格式"选项卡，如图 3.24 所示。单击"艺术字样式"分组→"文本填充"按钮→"渐变（G）"→"其他渐变（M）"命令，打开"设置文本效果格式"对话框，如图 3.25 所示。单击"渐变填充"，预设颜色为"红日西斜"，单击"确定"按钮。

（3）单击"艺术字样式"分组→"文本效果"按钮→"转换（T）"→"弯曲"→"正梯形"效果。

（4）单击"艺术字样式"分组→"文本效果"按钮→"映像（R）"→"映像变体"→"全映像，接触"效果。

（5）单击"排列"分组→"自动换行"→"紧密型环绕"选项，然后调整其在页面上位置。

（6）调整艺术字"大学新生入学季"为合适的大小。

4）插入"文本"

（1）在页面中输入文本。插入文本内容为"因为共同的理想，八方相聚在这里，未来道路同方向，美好前程心向往。"

（2）设置文本的"字体格式"，调整合适的位置。字体为"华文行楷"，字号分别为"二号（小字）"和"小初（大字）"，字体颜色为渐变填充，预设颜色为暮霭沉沉。效果如图 3.26 所示。

图 3.25 "设置文本效果格式"对话框

图 3.26 "文本"效果

5）输入新生的信息

使用 SmartArt 图形，输入学院、班级、姓名、学号等基本信息。

（1）单击"插入"选项卡→"插图"分组→"SmartArt"按钮，打开"选择 SmartArt 图形"对话框，如图 3.27 所示。选择"列表"→"垂直重点列表"，单击"确定"按钮。

（2）选中插入的 SmartArt 图形，单击"SmartArt 工具：设计"选项卡→"创建图形"分组→"添加形状"→"在后面添加形状"命令，至此在 SmartArt 形状中共有 4 个形状。

（3）单击"文本窗格"，依次在每个形状中分别输入"学院："、"班级："、"姓名："、"学号："等信息。删除多余的部分。

（4）单击"SmartArt 样式"分组→"更改颜色"按钮→"彩色"→"彩色-强调文字颜色"。

（5）单击"SmartArt 工具：格式"选项卡→"形状样式"分组→"形状效果"→"棱台（B）"→"棱台"→"园"进行美化，调整为合适的大小。效果如图 3.28 所示。

图 3.27 "选择 SmartArt 图形"对话框

图 3.28 "SmartArt 图形"效果

3. "大一新生调查表"表格制作

在第二页中完成表格的制作。

1）制作表格名称"大一新生调查表"

参照本任务中的艺术字"大学新生入学季"的制作方法与过程，完成第二页表格的表名"大一新生调查表"的制作，可以根据需要选择相应的设置。

2）插入简单的"大一新生调查表"表格并输入基础数据

在新页中需要制作一个如表 3.1 所示的表格，并完善相关信息。

表 3.1　大一新生调查表

个人基本信息				
姓名		性别		
民族		出生年月		
政治面貌		QQ 号码		照片
籍贯		邮箱		
专业		联系电话		
通信地址				
毕业学校				
考试成绩				
语文	数学	英语	综合（文综或理综）	总分
学习经历				
时间	地点		学校	
获奖情况				
爱好、特长				
自我评价				
希望就业的行业、专业				
未来规划				

　　单击"插入"选项卡→"表格"分组→"表格"按钮→"插入表格（I）"命令，打开"插入表格"对话框，如图 3.29 所示。根据需要设计的表格的大小，"列数"设为"5"，"行数"设为"22"，单击"确定"按钮。即可生成一张"22×5"的空表，如图 3.30 所示。

图 3.29　"插入表格"对话框

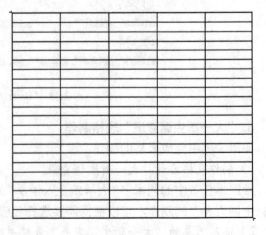

图 3.30　生成的空表

提示：

还可以用下面的方法创建表格。单击"表格"按钮，直接使用鼠标拖过表格的行数和列数，或者使用"绘制表格"命令；或者快速表格。

3）处理表格中的"个人基本信息"

（1）选中第1行共5个单元格，单击"布局"选项卡→"合并"分组→"合并单元格"按钮，将该行的5个单元格合并成一个单元格；单击"对齐方式"分组→"水平居中"按钮，将内容置于单元格正中间。

（2）单击"表格工具：设计"选项卡→"表格样式"分组→"底纹"按钮，选择"主题颜色"为"白色，背景1，深色15%"，第1行的格式设置完成。

（3）选中第2~8行中的第5列，共7个单元格，单击"合并"分组→"合并单元格"按钮，将该列的7个单元格合并成一个单元格；单击"对齐方式"分组→"水平居中"按钮，将内容置于单元格正中间。设置"照片"的字号为"二号"。

（4）单击"表格工具：布局"选项卡→"对齐方式"分组→"文字方向"按钮，改变文字方向为"竖排"，即"从上往下"的书写方式。

（5）合并"通信地址"后面的单元格。选中第7行的2、3、4列共3个单元格，单击"合并"分组→"合并单元格"按钮即可。

（6）合并"毕业学校"后面的单元格。选中第8行的2、3、4列共3个单元格，单击"合并"分组→"合并单元格"按钮即可。

4）处理表格中的"考试成绩"

（1）选中第9行共5个单元格，单击"合并"分组→"合并单元格"按钮，将该行的5个单元格合并成一个单元格；单击"对齐方式"分组→"水平居中"按钮，将内容置于单元格正中间。

（2）单击"表格工具：设计"选项卡→"表格样式"分组→"底纹"按钮，选择"主题颜色"为"白色，背景1，深色15%"，第9行的格式设置完成。

（3）调整第10行4列单元格的宽度，使其内容能够完整显示。

（4）选中第10、11行的1、2、3列共6个单元格，单击"表格工具：布局"选项卡→"单元格大小"分组→"分布列"按钮，使这3门课的成绩所占单元格的宽度相同。

（5）计算"总分"。

分别输入"语文"、"数学"、"英语"、"综合"的成绩后，使用Word 2010中的公式计算"总分"。

单击"表格工具：布局"选项卡→"数据"分组→"fx 公式"按钮，打开"公式"对话框，如图3.31所示，可以用于执行简单的计算，单击"确定"按钮。

图3.31 "公式"对话框

5）处理表格中的"学习经历"

（1）选中第 12 行共 5 个单元格，单击"合并"分组→"合并单元格"按钮，将该行的 5 个单元格合并成一个单元格；单击"对齐方式"分组→"水平居中"按钮，将内容置于单元格正中间。

（2）单击"表格工具：设计"选项卡→"表格样式"分组→"底纹"按钮，选择"主题颜色"为"白色，背景 1，深色 15%"，第 12 行的格式设置完成。

（3）分别选中第 13、14、15、16、17 行的 3、4、5 列共 3 个单元格，重复 5 次单击"合并"分组→"合并单元格"按钮，将这 5 行的 3 个单元格分别合并成为一个单元格。

（4）适当调整单元格的宽度。

6）处理表格中后面的部分

（1）将鼠标移动到表格最下面的外框线上，鼠标指针变为可移动框线时，向下拖动鼠标，使最后一行的行高增加很多。

（2）选中表格中最后的 5 行，单击"表格工具：布局"选项卡→"单元格大小"分组→"分布行"按钮，使这 5 行的行高相同。

（3）分别选中第 18、19、20、21、22 行的 2、3、4、5 列共 4 个单元格，重复 5 次单击"合并"分组→"合并单元格"按钮，将这 5 行的 4 个单元格分别合并成一个单元格。

（4）选中第 18、19、20、21、22 行的 1 列共 5 个单元格，单击"对齐方式"分组→"水平居中"按钮，将内容置于单元格正中间。再单击"表格工具：设计"选项卡，单击"表格样式"分组→"底纹"按钮，选择"主题颜色"为"白色，背景 1，深色 15%"，格式设置完成。

7）美化表格的边框框线

（1）单击"布局"选项卡→"绘图边框"分组→"笔样式"→"▬▬▬▬▬▬▬▬"，"笔画粗细"选择"3 磅"。

（2）单击"绘图边框"分组→"绘制表格"按钮，鼠标变为"笔形"，在需要如此"笔样式"的框线上重新绘制一次即可。

（3）操作完成，保存 Word 文档。完成后的效果如图 3.32 所示。

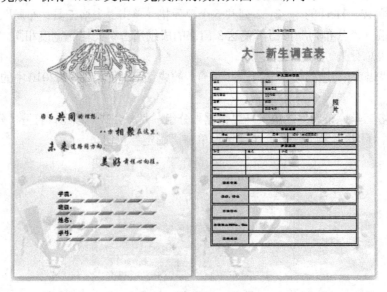

图 3.32　任务 3 效果

任务4 图文混排

实训目的

（1）掌握 Word 中插入自选图形及填充等相关操作。
（2）掌握插入图片的方法。
（3）掌握文本框的使用。
（4）熟练掌握图形的组合方法以及图形的"自动换行"操作。
（5）掌握分栏、首字下沉、图文混排的方法。
（6）掌握艺术字、SmartArt 图形的插入及处理操作。

实训要求

（1）设计制作一份"电气工程学院 PPT 制作比赛"的宣传海报。
（2）要求布局合理。

1. 宣传海报布局设计

（1）新建一个空白 Word 文档，保存在 C 盘根文件夹下，文档名为：PPT 宣传海报_姓名.docx。
（2）单击"页面布局"选项卡→"页面设置"分组→"功能扩展"按钮，打开"页面设置"对话框，如图 3.33 所示。在"页边距"选项卡中，页边距的上、下、左、右都设为 1.5 厘米，"纸张方向"设为"横向"。

图 3.33 "页面设置"对话框

（3）在"纸张"选项卡中，纸张大小设为"A3"，单击"确定"按钮。
（4）单击"页面布局"选项卡→"页面背景"分组→"水印"按钮→"自定义水印（W）"

命令，打开"水印"对话框，如图 3.22 所示。

（5）选中"图片水印"单选按钮，单击"选择图片（P）"按钮，选择"Word 任务四背景图.jpg"，缩放为"300%"，"冲蚀"效果，单击"确定"按钮。

（6）删除"页眉"。单击"开始"选项卡→"样式"分组→"功能扩展"按钮，在"样式"库中→鼠标指向"页眉"并右击→删除"页眉"，完成该文档中"页眉"的删除操作。

（7）将页面分成三栏。选择"页面布局"选项卡→"页面设置"分组→"分栏"按钮→"更多分栏（C）"命令，打开"分栏"对话框，如图 3.34 所示。分成三栏，取消"栏宽相等"选项，第一栏设为"40 字符"，单击"确定"按钮。

图 3.34　"分栏"对话框

2. 宣传版面设计

1）插入自选图形

（1）单击"插入"选项卡→"插图"分组→"形状"按钮→"矩形"→"对角圆角矩形"，在页面上拖动鼠标左键，画出一个大小合适的对角圆角矩形。

（2）选中"对角圆角矩形"，单击"绘图工具：格式"选项卡→"形状样式"分组→"形状轮廓"按钮→"无轮廓"。

（3）单击"形状填充"按钮→"图片(P)"命令→选择图片文件"Word 任务四-舞台.jpg"，单击"插入"按钮。

（4）对填充图片的处理。选中已填充的图片，单击"图片工具：格式"选项卡→"调整"分组→"更正"按钮→"锐化和柔化"→"锐化：50%"；单击"图片样式"分组→"图片效果"按钮→"柔化边缘(E)"→"10 磅"。形状处理完成。

2）插入"海报主题"文本框

（1）单击"插入"选项卡→"文本"分组→"文本框"按钮→"绘制文本框"命令，拖动鼠标画出一个合适的文本框，输入文本"校园 PPT 制作比赛"，将"校园"和"制作比赛"设为"方正舒体"、"初号"、"加粗"、"白色"，将"PPT"设为字体"Monotype Corsiva"、"72"、"加粗"、"黄色"。

（2）选中文本框，单击"绘图工具：格式"选项卡→"形状样式"分组→"形状填充"按钮→"无填充颜色"。

（3）单击"绘图工具：格式"选项卡→"形状样式"分组→"形状轮廓"按钮→"无轮廓(N)"。

3）插入"主办"文本框

（1）单击"插入"选项卡→"文本"分组→"文本框"按钮→"绘制文本框"命令，拖动鼠标画出一个合适的文本框，输入3行文本"主办：电气工程学院"、"协办：电气工程学院学生会"和"参赛对象：全校学生"。将这3行文本设为："华文彩云"、"小二号"、"加粗"、"白色"。

（2）选中文本框，单击"绘图工具：格式"选项卡→"形状样式"分组→"形状填充"按钮→"无填充颜色"。

（3）单击"绘图工具：格式"选项卡→"形状样式"分组→"形状轮廓"按钮→"无轮廓(N)"。

4）组合自选图形和文本框

（1）按住 Ctrl 键，分别选择一个自选图形和两个文本框。

（2）单击"绘图工具：格式"选项卡→"排列"分组→"组合"按钮→"组合"命令即可。

提示：

还可以在选中的对象上，单击鼠标右键，在出现的快捷菜单中，选择"组合"命令组合多个对象。

3. 比赛主题版面设计

1）插入艺术字

（1）将插入点定位在宣传版面的下面。

（2）单击"插入"选项卡→"文本"分组→"艺术字"按钮→选择"填充-蓝色，强调文字颜色1，塑料棱台，映像"，输入文字"比赛主题"。

（3）单击"绘图工具：格式"选项卡→"艺术字样式"分组→"文本效果"按钮→"转换"→"弯曲"→"正方形"命令，稍稍修饰该艺术字。

（4）改变艺术字的外观。单击"形状样式"分组→"形状或线条外观样式"→"其他"，会出现"形状或线条外观样式"的选择界面，如图3.35所示。

图 3.35 "形状或线条外观样式"选择界面

（5）选择"强烈效果-橄榄色，强调颜色3"即可，完成该艺术字的制作。

2）编辑主题正文

使用 SmartArt 图形编辑主题。

（1）单击"插入"选项卡→"插图"分组→"SmartArt"按钮，打开"选择 SmartArt 图形"对话框，如图3.36所示。选择"列表"→"目标图列表"，单击"确定"按钮。

图 3.36 "选择 SmartArt 图形"对话框

（2）依次在每个形状中分别输入：保护环境，节能减排，绿色出行。

图 3.37 "比赛主题"的
SmartArt 效果图

（3）单击"SmartArt 样式"分组→"更改颜色"按钮→"彩色"→"彩色-强调文字颜色"。

（4）单击"SmartArt 样式"分组→"SmartArt 图形的总体外观样式"按钮→"优雅"，完成该 SmartArt 图形的修饰。

（5）设置 SmartArt 图形的"自动换行"效果。单击"SmartArt 工具：格式"选项卡→"排列"分组→"自动换行"按钮→"紧密型环绕"即可。效果如图 3.37 所示。

4. 活动背景版面设计

1）插入艺术字

（1）将插入点定位在页面第二栏的最上面。

（2）单击"插入"选项卡→"文本"分组→"艺术字"按钮→选择"填充-蓝色，强调文字颜色1，金属棱台，映像"，输入文字"活动背景"。

（3）单击"绘图工具：格式"选项卡→"艺术字样式"分组→"文本效果"按钮→"转换"→"弯曲"→"波形1"命令，稍稍修饰该艺术字。

（4）设置艺术字的"自动换行"效果。单击"绘图工具：格式"选项卡→"排列"分组→"自动换行"按钮→"浮于文字上方"即可。

2）编辑活动背景正文

（1）将插入点定位在艺术字"活动背景"的下面，输入以下文本。

> 在我们过多地向大自然摄取资源的今天，环境正在发生改变。一座座高楼拔地而起，一条条公路横贯东西。为了建设，我们正在改变原本自然状态下的环境。自哥本哈根气候变化大会以来，"低碳"这个名词便越来越为大家所熟知，人们也越来越关注绿色和环保。"碳排放"成了人们日常谈论的话题。同学们应该也有自己的看法和体会。那么，就用我们制作的精彩 PPT 来讲述我们的观点吧！

（2）选择这些文本，设置为"宋体"、"三号"、"加粗"、"绿色"。

（3）设置该段落"首字下沉"3 行。单击"插入"选项卡→"文本"分组→"首字下沉"

按钮→"首字下沉选项(D)"命令,打开"首字下沉"对话框,选择"位置"的第二种方式"下沉","字体"设置为"方正舒体",单击"确定"按钮。

3)在活动背景正文中插入图片

(1)单击"插入"选项卡→"插图"分组→"图片"按钮,打开"插入图片"对话框,选择"蓝天白云.jpg",单击"插入"按钮。

(2)设置图片的环绕方式。单击"图片工具:格式"选项卡→"排列"分组→"自动换行"按钮→"四周型环绕"即可。

(3)设置图片效果。单击"图片工具:格式"选项卡→"图片样式"分组→"图片效果"按钮→"柔化边缘(E)"→"10磅",完成对图片的柔化效果操作。

5. 比赛流程及要求版面设计

1)插入艺术字

(1)将插入点定位在页面第三栏的最上面。

(2)单击"插入"选项卡→"文本"分组→"艺术字"按钮→选择"填充-蓝色,强调文字颜色1,金属棱台,映像",输入文字"比赛流程及要求"。

(3)单击"绘图工具:格式"选项卡→"艺术字样式"分组→"文本效果"按钮→"转换"→"弯曲"→"波形2"命令,稍稍修饰该艺术字。

(4)设置艺术字的"自动换行"效果。单击"绘图工具:格式"选项卡→"排列"分组→"自动换行"按钮→"浮于文字上方"即可。调整艺术字"比赛流程及要求"为合适的大小。

2)编辑比赛流程及要求正文

(1)插入点定位在"比赛流程及要求"艺术字下面,单击"插入"选项卡→"文本"分组→"文本框"按钮→"绘制文本框"命令,拖动鼠标画出一个合适的文本框,输入以下文本。

1. 报名时间:2015年9月9日—10月10日。

2. 报名地点:电气工程学院办公室(C1111)。报名时须填写报名表。

3. 作品提交:作品提交电子文档,发送邮件至dqxy@cdtc.edu.cn,截止时间:11月11日。

4. 作品演示:请接到电话通知的同学,于2015年11月22日下午1:30在教学楼222进行演示并演讲。

5. 奖项设置:特等奖1名,一等奖2名,二等奖3名,三等奖5名。

6. 参赛作品里应注明题目、参赛选手信息(包括:姓名、学院、班级、联系方式等)。

7. 参赛作品由文本、图像、声音等多媒体信息组成,同时欢迎同学们在PPT中添加原创Flash、拍摄的DV作品等。

8. 参赛作品幻灯数量要求在10张左右,并尽可能多地运用PPT的附加功能,要求原创,不得抄袭。

(2)将这些文本设置为:"宋体"、"三号"、"加粗"、"两端对齐"、"单倍行距"。

(3)将文本框的填充颜色设为"浅绿"色。单击"绘图工具:格式"选项卡→"形状样式"分组→"形状填充"按钮→"渐变(G)"→"其他渐变(M)"命令,打开"设置形状格式"对话框,选择"渐变填充"→"预设颜色"为"茵茵绿原",单击"关闭"按钮。

6. 欢迎词设计

1)插入"期待您的加入"艺术字

(1)将插入点定位在页面第二栏的最下面。

（2）单击"插入"选项卡→"文本"分组→"艺术字"按钮→选择"填充-橙色，强调文字颜色6，渐变轮廓-强调文字颜色6"，输入文字"期待您的加入"。

（3）选中艺术字文本"期待您的加入"，单击"开始"选项卡→"字体"分组→"文本效果"按钮→"发光"→"发光变体"→"水绿色，18pt发光，强调文字颜色5"命令，稍稍修饰该艺术字。

（4）设置艺术字的"自动换行"效果。单击"绘图工具：格式"选项卡→"排列"分组→"自动换行"按钮→"浮于文字上方"即可。调整艺术字"期待您的加入"为合适的大小。

2）插入"让我们为绿色环保加油"艺术字

（1）将插入点定位在页面第二栏的最下面。

（2）单击"插入"选项卡→"文本"分组→"艺术字"按钮→选择"填充-橄榄色，强调文字颜色3，轮廓-文本2"，输入文字"让我们为绿色环保加油"。

（3）将艺术字的字体设置为"方正舒体"。选中艺术字文本"让我们为绿色环保加油"，单击"开始"选项卡→"字体"分组→"字体"按钮→"方正舒体"即可。

（4）设置艺术字的形状效果。选中艺术字，单击"绘图工具：格式"选项卡→"形状样式"分组→"形状或线条的外观样式"按钮→"中等效果-水绿色，强调颜色5"。单击"形状效果"按钮→"柔化边缘(E)"→"5磅"，形状效果设置结束。

（5）设置艺术字的"自动换行"效果。单击"绘图工具：格式"选项卡→"排列"分组→"自动换行"按钮→"浮于文字上方"即可。调整艺术字"让我们为绿色环保加油"为合适的大小。

（6）注意保存操作完成后的Word文档。任务四完成后的效果如图3.38所示。

图3.38　任务四完成后的效果图

任务5　长文档处理

实训目的

（1）掌握Word 2010中页面设置操作。

（2）掌握样式的新建、修改、应用及删除。

（3）熟悉自动生成目录的操作方法。

（4）掌握页眉页脚的操作。

（5）掌握邮件合并的操作。

➡ 实训要求

（1）将样本文档重命名为"姓名_长文档处理.docx"。

（2）能够为文档设置合适的"纸张大小"、"页边距"等选项。

（3）能够新建"样式"、应用"样式"和修改"样式"等。

（4）能在 Word 文档中生成目录。

（5）正确设置奇偶页不同的页眉页脚。

（6）能够按要求完成邮件合并的操作。

1. 重命名样本文档

将样本文档重命名为"姓名__长文档处理.docx"。

（1）双击打开样本文档。

（2）单击"文件"选项卡→"另存为"命令，打开"另存为"对话框，选择保存位置为 C 盘根文件夹，文件名为"姓名__长文档处理.docx"，单击"保存"按钮。

2. 为文档设置纸张大小和页边距

将该文档设置纸张大小：A4；页边距：上下各为 2.5 厘米、左右各为 2 厘米。

（1）单击"页面布局"选项卡→"页面设置"分组→"纸张大小"按钮→"A4(21 厘米×29.7 厘米)"命令，完成页面纸张大小的设置操作。

（2）单击"页边距"按钮→"自定义边距(A)"命令，打开"页面设置"对话框，如图 3.39 所示。

（3）在"页边距"选项卡中，分别设置上下页边距各为 2.5 厘米，左右页边距各为 2 厘米，单击"确定"按钮。

图 3.39 "页面设置"对话框

3. 为文档分节和分页处理

首先将正文分节处理：论文题目、摘要、目录、正文各占一节；再将正文中类似"1 引言"等几大部分分页，使得每一大部分都是从新的一页开始显示。

图 3.40 "自定义状态栏"操作界面

1）在状态栏中显示"节"信息

（1）右击 Word 2010 的"状态栏"，出现如图 3.40 所示的"自定义状态栏"操作界面。

（2）选择"节"，即可在 Word 2010 状态栏的最左侧出现"节"的信息，便于显示当前插入点所在的位置是第几节，方便操作。

2）为文档插入"分节符"

（1）将插入点定位在第一页的"摘要"前面。

（2）单击"页面布局"选项卡→"页面设置"分组→"分隔符"按钮→选择"分节符"中的"下一页"，将"摘要"分节在下一页。

（3）将插入点置于目前位置在第二页的论文题目"电子商务网站的设计与实现"的前面，重复操作步骤（2）两次，完成 2 个分节符的插入，将整个文档分为 4 节。其中第 3 节为一空白页，备用，便于放置"目录"部分。

3）为正文插入"分页符"

（1）将插入点定位在内容为"2 概述"的前面。

（2）单击"页面布局"选项卡→"页面设置"分组→"分隔符"按钮→选择"分页符"中的"分页符"，将从"2 概述"及后面的内容分页在下一页，但仍然处于"第 4 节"的位置。

（3）在"3 网站方案设计"、"4 网站框架设计"、"5 详细设计"、"6 结束语"、"致谢"、"参考文献"的前面，分别重复：单击"页面布局"选项卡→"页面设置"分组→"分隔符"按钮→选择"分页符"中的"分页符"，将相应的内容分页在下一页，但仍然处于"第 4 节"的位置。

4. 修改"正文"格式

论文中普通正文格式的要求：宋体、小四号，首行缩进 2 字符、行距为 1.3 倍行距。

按要求修改已有的"正文"样式，修改完成后，该样式自动应用。

（1）选择"开始"选项卡→"样式"分组→"正文"样式→"修改(M)"命令，打开"修改样式"对话框，如图 3.41 所示。

图 3.41 "正文样式修改"对话框

（2）格式设置中选择"宋体"、"小四号"。

（3）单击"格式"按钮→"段落(P)"命令，打开"段落"对话框，设置"特殊格式"为"首行缩进"，值为"2字符"，行距为1.3倍行距，其参数设置如图3.42所示。单击"确定"按钮，返回"修改样式"对话框，单击"确定"按钮，关闭"修改样式"对话框，"正文"样式则按照要求设置完成。

（4）正文样式会在设置完成时自动应用。

图3.42 "缩进和间距"选项设置

5. 设置封面题目格式

将第1节的"电子商务网站的设计与实现"设置为"宋体、字号90、加粗"，首行缩进"无"居中，文字方向"垂直"、纸张方向"纵向"、页面垂直对齐方向"居中"。

（1）设置字符格式。选中"电子商务网站的设计与实现"，单击"开始"选项卡→"字体"分组→"字体"按钮→"黑体"，"字号"框中输入"90"，单击"加粗"按钮。

（2）设置段落格式。单击"开始"选项卡→"段落"分组→"居中"按钮即可。

（3）设置页面格式。单击"页面布局"选项卡→"页面设置"分组→"文字方向"按钮→"垂直"，使得文字竖排。单击"纸张方向"按钮→"纵向"。

（4）单击"页面设置"分组→"功能扩展"按钮，打开"页面设置"对话框，在"版式"选项卡中进行如图3.43所示的设置。"页面"的"垂直对齐方式"设为"居中"，"应用于"设为"本节"，单击"确定"按钮，完成题目的设置。

图3.43 "版式"选项卡

6. 设置"摘要"格式

"摘要"标题：宋体、三号、加粗，居中、段前段后各1行。

"摘要"正文：宋体、小四、首行缩进：2字符，行间距：20磅。

"摘要"关键字："关键词"三个字的格式为宋体、四号、加粗；其余文字设置为宋体、小四，行间距"20磅"，段前"2行"，首行缩进"2字符"。

1）设置标题格式

（1）选中"摘要"，单击"开始"选项卡→"字体"分组→"字体"设为"宋体"、"字号"设为"三号"、"字形"设为"加粗"。

（2）单击"段落"分组→"居中"按钮，使段落居中；单击"段落"分组→"功能扩展"按钮，打开"段落"对话框，在"缩进和间距"选项卡中，设置如图3.44所示的选项。首行缩进：无。

图 3.44 "间距"选项设置

2）设置正文格式

（1）选中摘要正文二段内容。

（2）单击"开始"选项卡→"字体"分组→"字体"设为"宋体"、"字号"设为"小四号"。

（3）在选中的内容上，单击鼠标右键，在弹出的快捷菜单中选择"段落(P)"命令，打开"段落"对话框，在"缩进和间距"选项卡中，设置如图3.45所示的选项。

图 3.45 "缩进和间距"选项设置

3）设置关键字格式

（1）选中"关键字"，单击"开始"选项卡→"字体"分组→"字体"设为"宋体"、"字号"设为"四号"、"字形"设为"加粗"。

（2）选中"电子商务，ASP，网上订购，购物车，数据库"，单击"字体"分组→"字体"设为"宋体"、"字号"设为"小四号"。

（3）在该段落内单击鼠标右键，在弹出的快捷菜单中选择"段落(P)"命令，打开"段落"对话框，在类似如图3.45的各选项中分别设置段前"2行"、首行缩进"2字符"、行间距为固定值"20磅"。

7. 设置论文正文格式

要求论文正文的内容采用Word 2010"样式"的方式进行格式设置，所有"西文字体"都采用与"中文字体"相同的格式，在论文正文中，无首行缩进要求的则需要取消特殊格式下的首行缩进。

1）设置论文题目格式

格式要求：黑体、二号、加粗；特殊格式：无，居中，段前段后各1行。

（1）选中"电子商务网站的设计与实现"，单击"开始"选项卡→"字体"分组→"字体"设为"黑体"、"字号"设为"二号"，"字形"设为"加粗"。

（2）单击"段落"分组→"居中"按钮，使段落居中；单击"段落"分组→"功能扩展"按钮，打开"段落"对话框，在"缩进和间距"选项卡中，设置如图3.44所示的选项，即"段前段后各1行"。

2）设置一级标题格式

一级标题的格式要求：采用快速样式库中的"标题1"样式并修改样式格式为"黑体、三号、加粗"，特殊格式"无，居中，段前间距1行、段后间距1行"。

（1）选择"开始"选项卡→"样式"分组→"标题1"→"修改(M)"命令，打开"修改样式"对话框，如图3.46所示。

图3.46 "修改样式"对话框

（2）格式设置中选择"黑体"、"三号"、"加粗"，"居中"。

（3）单击"格式"按钮→"段落(P)"命令，打开"段落"对话框，在"间距"设置段前1行、段后1行、多倍行距的值为2。单击"确定"按钮，返回"修改样式"对话框，单击"确定"按钮，关闭"修改样式"对话框，"标题1"样式则按照要求设置完成。

（4）应用"标题1"样式。将插入点置于"1 引言"段落内，单击"开始"选项卡→"样式"分组→"标题1"按钮，即可将"标题1"样式应用于"1 引言"段落，该一级标题的样式应用完成。

（5）将插入点分别置于"2 概述"、"3 网站方案设计"、"4 网站框架设计"、"5 详细设计"、"6 结束语"、"致谢"、"参考文献"段落内，再分别单击"开始"选项卡→"样式"分组→"标题1"按钮，即可将"标题1"样式应用于相应的段落，至此，所有一级标题的样式应用完成。

3）设置二级标题格式

二级标题的格式要求：采用快速样式库中的"标题2"样式并修改样式格式为"宋体、四号、加粗"，特殊格式"无，段前间距 15 磅、段后间距 15 磅、行距为固定值 20 磅"。

（1）选择"开始"选项卡→"样式"分组→"标题 2"→"修改(M)"命令，打开"修改样式"对话框，如图 3.46 所示。

（2）格式设置中选择"宋体"、"四号"、"加粗"。

（3）单击"格式"按钮→"段落(P)"命令，打开"段落"对话框，在"间距"设置段前 15 磅、段后 15 磅、行距为固定值 20 磅，如图 3.47 所示。单击"确定"按钮，返回"修改样式"对话框，单击"确定"按钮，关闭"修改样式"对话框，"标题 2"样式则按照要求设置完成。

图 3.47 "间距"选项

（4）应用"标题 2"样式。将插入点置于"1.1 课题背景"段落内，单击"开始"选项卡→"样式"分组→"标题 2"按钮，即可将"标题 2"样式应用于"1.1 课题背景"段落，该二级标题的样式应用完成。

（5）将插入点分别置于正文后面二级标题相应的段落内，再分别单击"开始"选项卡→"样式"分组→"标题 2"按钮，即可将"标题 2"样式应用于相应的段落，至此，所有二级标题的样式应用完成。

4）设置三级标题格式

三级标题的格式要求：采用快速样式库中的"标题 3"样式并修改样式格式为：宋体、小四号、加粗，首行缩进 1 字符、段前间距 10 磅、段后间距 10 磅、行距为单倍行距。

（1）选择"开始"选项卡→"样式"分组→"标题 3"→"修改(M)"命令，打开"修改样式"对话框，如图 3.46 所示。

（2）格式设置中选择"宋体"、"小四号"、"加粗"。

（3）单击"格式"按钮→"段落(P)"命令，打开"段落"对话框，设置"特殊格式"为"首行缩进"，值为"1 字符"，在"间距"中设置段前 10 磅、段后 10 磅、行距为单倍行距。单击"确定"按钮，返回"修改样式"对话框，单击"确定"按钮，关闭"修改样式"对话框，"标题 3"样式则按照要求设置完成。

（4）应用"标题 3"样式。将插入点置于"3.1.1 广告宣传"段落内，单击"开始"选项卡→"样式"分组→"标题 3"按钮，即可将"标题 3"样式应用于"3.1.1 广告宣传"段落，该三级标题的样式应用完成。

（5）将插入点分别置于正文后面三级标题相应的段落内，再分别单击"开始"选项卡→"样式"分组→"标题 3"按钮，即可将"标题 3"样式应用于相应的段落，至此，所有三级标题的样式应用完成。

5）设置表格的表头和内容格式

表头格式要求：宋体、小五号、加粗；特殊格式：无，居中。

表格内容格式要求：宋体，小五号；特殊格式：无，居中。需要新建表头样式。

（1）新建"表头样式"。单击"开始"选项卡→"样式"分组→"功能扩展"按钮，打开"样式"窗格，如图 3.48 所示。

（2）单击"样式"窗格左下角的"新建样式"按钮，打开"根据格式设置创建新样式"对话框，如图3.49所示。

图3.48　"样式"窗格　　　　图3.49　"根据格式设置创建新样式"对话框

（3）名称为"表头样式"，设置格式为"宋体、小五号、加粗"，单击段落"居中"按钮，再单击"确定"按钮，关闭"根据格式设置创建新样式"对话框，新建样式"表头样式"则按照要求设置完成。

（4）再次单击"新建样式"按钮，新建一个名为"表格内容"的新样式，设置格式为"宋体、小五号"，单击段落"居中"按钮，再单击"确定"按钮，关闭"根据格式设置创建新样式"对话框，完成新建。

（5）分别选中每一张表格的表头和表格内容，再分别单击"开始"选项卡→"样式"分组→"表头样式"和"表格内容"按钮，即可将相应的样式应用于相应的段落。

（6）将每一张表格设置为水平"居中"。

提示：

新建样式的"样式类型"还可以是字符、链接段落和字符、表格、列表。

6）设置表格样式

为文档中的每一张表格添加：表头底纹（颜色：橙色，强调文字颜色6，深色25%）、表格"偶条带行"底纹（颜色：水绿色，强调文字颜色5，淡色40%）。要求表格样式的名称命名为"美化表格"。

（1）将插入点置于任何一张表格内。单击"表格工具：设计"选项卡。

（2）选择"表格样式"分组→"网格型"按钮→"新建表格样式(N)"，打开"根据格式设置创建新样式"对话框。在名称框中输入"美化表格"。

（3）"将格式应用于"设置为"整个表格"，为表格应用所有框线。其参数设置如图3.50所示。

图 3.50 "美化表格"设置框线

（4）在"新建样式"对话框中，单击左下角的"格式"按钮→"表格属性"，打开"表格属性(E)"对话框，如图 3.51 所示。选择"对齐方式"为"居中"，单击"确定"按钮。返回"根据格式设置创建新样式"对话框。

图 3.51 "表格属性"对话框

（5）"将格式应用于"设为"标题行"，单击"填充颜色"按钮→"橙色，强调文字颜色 6，深色 25%"。其参数设置如图 3.52 所示。

图 3.52 "标题行"设置

（6）类似步骤（5），"将格式应用于"设为"偶条带行"，单击"填充颜色"按钮→"水绿色，强调文字颜色 5，淡色 40%。单击"确定"按钮，关闭"新建样式"对话框，"美化表格"样式新建完成。

（7）为文档所有表格应用"美化表格"样式。将插入点置于表 4.5 的表格内，单击"表格工具：设计"选项卡→"表格样式"分组→"美化表格"按钮，表 4.5 的表格美化完成；其余表格重复该过程。注意保存文档。

7）设置图表名称格式

文档中表格和图的名称格式要求：新建样式，图表名称。设置为"黑体、小五号、居中、单倍行距"。

（1）打开"根据格式设置创建新样式"对话框，如图 3.49 所示。

（2）新建一个名为"图表名称"的新样式，设置格式为黑体、小五号，单击段落"居中"按钮，选择行距为"单倍行距"，再单击"确定"按钮，关闭"根据格式设置创建新样式"对话框，完成新建。

（3）分别选中每一张表名和图名，再分别单击"开始"选项卡→"样式"分组→"图表名称"样式按钮，即可将该样式应用于相应的图或表名称。

（4）注意所有的图示置于水平"居中"。保存文档。美化后表格的效果如图 3.53 所示。

表 4.5 商品信息表结构

编 号	字 段 名 称	数据结构	说 明
1	Id	int	商品编号不能为空
2	TypeId	int	商品类别
3	Name	varchar	商品名称
4	Producer	varchar	生产厂家
5	SalePrice	Int	销售价格

图 3.53 "表格"设置效果图

8. 为文档插入"页眉和页脚"

按以下要求为本文档插入页眉和页脚。

封面：无页眉页脚。

页眉：奇数页为"电子商务网站的设计与实现 ———————————————————"，左对齐，偶数页为" ——————————————————— 作者：×××"，右对齐，格式为宋体、小五

页脚：只为"论文正文"插入页码，格式为第×页，居中。

1）插入页眉

（1）将插入点置于论文正文第一页（即"1 引言"所在页面，属于分节为第 4 节的第 1 页）内，单击"插入"选项卡→"页眉和页脚"分组→"页眉"按钮→"编辑页眉"，出现"页眉和页脚工具：设计"选项卡，如图 3.54 所示。选中"选项"分组→"奇偶页不同"复选框。

图 3.54 "页眉和页脚工具：设计"选项卡

（2）插入偶数页页眉。按 Ctrl+R 组合键，设置文本右对齐（因为当前页为偶数页，要求页眉右对齐）。

（3）插入"剪贴画"和"作者：×××"。单击"插入"选项卡→"插图"分组→"剪贴画"，打开"剪贴画"窗格，单击"搜索"按钮，在出现的剪贴画中插入" ——————————————————— "，

将该图片的高度和宽度分别设置为 0.15 厘米和 9.13 厘米；输入文本"作者：×××"，并设置格式为宋体、小五号。

（4）插入奇数页页眉。滚动鼠标，出现下一页（即奇数页），将插入点置于页眉处，按 2 次"Backspace"键，取消首行缩进。输入文本"电子商务网站的设计与实现"，并设置格式为宋体、小五号；单击"页眉和页脚工具：设计"选项卡→"插入"分组→"剪贴画"，打开"剪贴画"窗格，单击"搜索"按钮，在出现的剪贴画中插入"～～～～～～～～～～～～～～～～～"，将该图片的高度和宽度分别设置为 0.15 厘米和 9.13 厘米。

（5）取消"链接到前一条页眉"。往前滚动鼠标，定位在第三页（即空白页），插入点定位于该页面的"页眉"处，单击"导航"分组→ 链接到前一条页眉 按钮，即取消选择变成 链接到前一条页眉，目的是为了删除封面上的"页眉"不至于影响到后面的"页眉"。

（6）删除封面上的"页眉"。将插入点定位在封面的"页眉"处，删除"电子商务网站的设计与实现～～～～～～～～～～～～～～～～"，单击"页眉和页脚工具：设计"选项卡→"关闭"分组→"关闭页眉和页脚"按钮。页眉设置结束。

提示：

（1）奇数页页眉中的剪贴画，也可以采用复制粘贴的方法完成。

（2）要修改已经存在的页眉或页脚，在页眉或页脚处直接双击鼠标即可编辑修改。

2）插入页脚

（1）将插入点置于论文正文第一页（即"1 引言"所在页面，属于分节为第 4 节的第 1 页）内，单击"插入"选项卡→"页眉和页脚"分组→"页脚"按钮→"编辑页脚"命令，出现"页眉和页脚工具：设计"选项卡，如图 3.54 所示。

图 3.55 "页码格式"对话框

（2）先将页脚区右下角的有页码的文本框选中并删除。单击"导航"分组→"链接到前一条页眉"按钮，即可取消与前面几节的页脚联系，也就是本节设置的页脚与前几节无关。单击"页眉和页脚"分组→"页码"按钮→"设置页码格式(F)"命令，打开"页码格式"对话框，如图 3.55 所示。在"页码编号"组中选中"起始页码"单选按钮，值为"1"，单击"确定"按钮。

（3）插入偶数页页脚。按 Ctrl+E 组合键，设置文本居中对齐（最好取消首行缩进设置）。输入文本"第页"，然后将插入点置于"第页"的中间，单击"页眉和页脚"分组→"页码"按钮→"当前位置(C)"→"普通数字"即可，如图 3.56 所示。

偶数页页脚 - 第 4 节 -

第 2 页

图 3.56 "偶数页页脚"设置

（4）插入奇数页页脚。单击"导航"分组→"链接到前一条页眉"按钮，即可取消与前面几节的页脚联系，也就是本节设置的页脚与前几节无关。按 Ctrl+E 组合键，设置文本居中对齐（最好取消首行缩进设置）。输入文本"第 页"，然后将插入点置于"第 页"的中间，单击"页眉和页脚"分组→"页码"按钮→"当前位置(C)"→"普通数字"即可。

（5）设置完成后，单击"页眉和页脚工具：设计"选项卡→"关闭"分组→"关闭页眉和页脚"按钮。页脚插入结束。

9. 为文档生成目录

最后为文档生成目录，放置位置："摘要"后面第三页空白页处。

目录标题："目录"二字格式为宋体，三号，加粗，居中。

目录内容：宋体，五号，行距为固定值20磅。

1）插入目录标题

（1）将插入点置于"摘要"和"正文"之间的空白页的第一行的最左边，输入文本"目录"，按回车键，增加一个自然段。

（2）设置格式。选中"目录"，单击"开始"选项卡→"字体"分组→"字体"按钮→"宋体"，"字号"按钮→"三号"、"加粗"按钮；单击"段落"分组→"居中"按钮即可。

2）插入目录内容

（1）将插入点置于"目录"的下一行。

（2）单击"引用"选项卡→"目录"分组→"目录"按钮→"插入目录(I)"命令，打开"目录"对话框，注意其中的选项设置，单击"确定"按钮，即可将应用了"标题1"、"标题2"、"标题3"样式的文本插入在目录中。

图 3.57 "目录"对话框

（3）设置目录内容格式。选中整个目录内容，取消"首行缩进"，然后单击"开始"选项卡→"字体"分组→"字体"按钮→"宋体"，"字号"按钮→"五号"；单击"段落"分组→"行距"按钮→"行距选项"，打开"段落"对话框，设置"行距"为"固定值"，值为"20磅"即可。部分目录页面效果如图 3.58 所示。

电子商务网站的设计与实现

目录

1 引言 1
  1.1 课题背景 1
  1.2 课题的主要研究工作 1
2 概述 2
  2.1 Windows 2000 2

图 3.58 "部分目录"效果图

提示：

（1）可以选择"目录"按钮下的"自动目录1"或"自动目录2"完成目录的插入操作。

（2）使用用户自定义样式的文本也可插入在目录中。

10. 生成学生成绩通知单

将已有的"邮件合并成绩通知单.docx"和"邮件合并数据源.xlsx"，使用 Word 2010 的邮件合并功能完成某小学"学生成绩通知单"的制作。

1）邮件合并准备

（1）双击文件名为"邮件合并成绩通知单.docx"的 Word 文档，打开文件。

（2）单击"邮件"选项卡→"开始邮件合并"分组→"开始邮件合并"按钮→"邮件合并分步向导(W)"命令，打开"邮件合并"窗格，如图 3.59 所示。通过"向导"完成邮件合并的操作需要 6 个步骤。

图 3.59 "邮件合并"第 1、2 步

2）邮件合并操作

（1）选择文档类型。在如图 3.59 所示的窗格中，选中"信函"单选按钮，单击"下一步：正在启动文档"按钮。

（2）选择开始文档。选中"使用当前文档"单选按钮，单击"下一步：选取收件人"按钮。

图 3.60 "邮件合并"第 3、4 步

（3）选择收件人。选择"使用现有列表"，单击"浏览"超链接，如图 3.60 所示，打开"选取数据源"对话框，在对话框中找到"邮件合并数据源.xlsx" Excel 文档，单击"打开"按钮，打开"选择表格"对话框，如图 3.61 所示。单击"确定"按钮。打开"邮件合并收件人"对话框，如图 3.62 所示，单击"确定"按钮，返回"邮件合并"窗格。单击"下一步：撰写信

函"按钮。

图 3.61　"选择表格"对话框

图 3.62　"邮件合并收件人"对话框

提示:

在"邮件合并收件人"对话框中,如果在"调整收件人列表"中选择某个选项,可以只合并符合条件的数据源。例如,单击"筛选(F)",可以只是生成类似"语文≥70"的学生的成绩通知单。

(4)撰写信函。将插入点定位在文本"尊敬的　同学"的中间空白处,单击"撰写信函"步骤窗格中的"其他项目"超链接,打开"插入合并域"对话框,如图 3.63 所示。选择"姓名",单击"插入"按钮,在文档的插入点处插入《姓名》域,单击"关闭"按钮,退出"插入合并域"对话框。继续将插入点定位到需要出现 Excel 数据源表格中的数据处,分别插入如图 3.63 所示的各个数据域,效果如图 3.64 所示。单击"下一步:预览信函"按钮。

图 3.63　"插入合并域"对话框

成绩通知单

尊敬的 《姓名》 同学的家长：

您好。现将 《姓名》 同学的期末成绩发送给您，以便您知晓您孩子在
学校的学习情况。

姓名	语文	数学	品德	科学	社会	自然	总分	排名
《姓名》	《语文》	《数学》	《品德》	《科学》	《社会》	《自然》	《总分》	《排名》

图 3.64 "插入合并域"效果图

（5）预览信函。单击"下一步：完成合并"按钮。

（6）完成合并。单击"编辑单个信函"超链接，打开"合并到新文档"对话框，如图 3.66
所示。单击"确定"按钮，会打开一个名为"信函 1"的 Word 文档，该文档中包含了数据源
中所有学生的成绩通知单，将该文档另存为"姓名_成绩通知单.docx"，完成邮件合并的操作。

图 3.65 "邮件合并"第 5、6 步

图 3.66 "合并到新文档"对话框

综合练习题

1．新建一 Word 文档，命名为"Word 操作 1.docx"，输入本年度流行的网络用语、表情符
号以及特殊符号等。

2．打开"Word 操作 2.docx"文档，按下列要求进行操作。

（1）将文档中所有的"手动换行符"替换为"段落标记"，并删除空行。

（2）插入图片"不良饮食.jpg"，设置为：大小为原图的80%，柔化边缘5磅，穿越型环绕效果。

（3）设置标题"远离七大不良饮食习惯"格式：二号、楷体、加粗、倾斜、着重号，文本效果为：阴影（外部、右下斜偏移）；居中，段前段后各2行，单倍行距。

（4）设置一级标题：字符缩放120%，字符间距加宽5磅，文本效果：红色，8pt发光，强调文字颜色2，段前段后各1行，单倍行距。

（5）设置正文格式（中西文字符使用相同格式）：小四、宋体、加宽2磅、首行缩进2字符、行间距20磅。

（6）为第一段正文"良好合理的饮食习惯是……"加上边框：红色、三维边框、宽度2.25磅。

（7）为正文倒数第二段"此外……"设置：等长栏，栏宽相等，分隔线，首字下沉效果。

（8）为"高脂血症、高血压病、糖尿病、肥胖症等"设置：红色实心菱形项目符号。

3．打开"Word操作3.docx"文档，按下列要求进行操作。

（1）将正文中所有"帝王蛾"的格式设置成"红色、加粗、蓝色下划线"。

（2）将正文最后一个段落"泰戈尔……"移到正文的最前面成为第一个段落，移动后段落"你不能施舍给我翅膀"成为文章的标题段落。

（3）将文中图片大小设置为：高4厘米、宽3厘米；环绕方式：紧密型环绕；对齐方式：水平方向居中对齐。

（4）在文档末尾制作如表3.2所示的表格。要求：

① 单元格中的文本及布局如表3.2所示。

② 单元格边框线颜色：白色，背景1，深色25%；底纹填充颜色分别是：橙色，强调文字颜色6，淡色60%（行、列标题），橙色，强调文字颜色6，深色25%（体重部分），橙色、黄色、浅绿、绿色、浅蓝、蓝色、深蓝、紫色（分别对应7码—21码），浅绿（左上角单元格）。

表3.2　某品牌牛仔裤参考尺码推荐表

一步选码	以下根据平均身材得出，适合大多数人群，如有疑问请咨询客服。											
体重（斤） 身高（CM）	95	100	105	110	115	120	125	130	135	140	150	160
155CM												
160CM						13		15		17	19	21
165CM	7		9		11							
170CM												

4．打开"Word操作4.docx"文档，按下列要求进行操作。

（1）将标题"浅谈羽绒服的由来和发展"设置成艺术字：采用"渐变填充-蓝色，强调文字颜色1"样式，文字大小为26，上下型环绕，居中，形状效果为"全映像，接触"。调整合适的位置。

（2）在正文的最后一段内插入图片"羽绒服.jpg"，设置为紧密型环绕，右对齐，大小为原图的80%。

（3）在图片上方插入自选图形"云形标注"，输入文字"这款羽绒服如何？"，设置为楷书，小四号，填充浅蓝色，线条为1磅黑色；将图片和自选图形组合，紧密型环绕。

（4）设置一级标题：宋体、四号、加粗，段前段后各 1 行，单倍行距。

（5）设置二级标题：宋体、小四号、加粗，首行缩进 1 字符，段前段后各 0.5 行，单倍行距。

（6）设置正文：楷体、小四号、首行缩进 2 字符，1.5 倍行距。

（7）在正文的最后完成如图 3.67 所示的关于"某品牌羽绒服指数说明"内容。

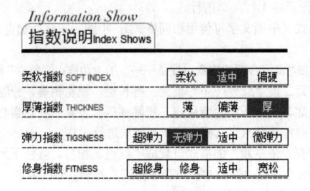

图 3.67　某品牌羽绒服指数说明

5．打开"Word 操作 5.docx"文档，按下列要求进行操作。

（1）设置纸张大小为：A4；设置页边距：上下左右各 2.5 厘米。

（2）设置文章标题的格式为：黑体，小一号，居中，段后 2.5 行。

（3）论文正文使用"正文"样式并修改样式格式为"楷体，小四，字符加宽 3 磅，首行缩进 2 个字符，行距为 1.5 倍行距"；论文一级标题使用"标题 1"样式并修改样式格式为：四号，加粗，段前段后间距均为 1 行，单倍行距。二级标题使用"标题 2"样式并修改样式格式为：小四，加粗，段前段后间距均为 1 行，单倍行距。

（4）在页脚中插入页码，格式为"第×页"；奇数页页脚左对齐，偶数页页脚右对齐。

6．打开"Word 操作 6.docx"文档，按下列要求进行操作。

（1）取消文档中所有的"超级链接"。

（2）在文档合适的位置插入图片"九寨沟 1.jpg"、"九寨沟 2.jpg"、"九寨沟 3.jpg"，四周型环绕。

（3）文档页面设置。

① 设置纸张大小为：A4；

② 设置页边距：上下各 2.5 厘米、左右各 3 厘米。

（4）论文内容格式化。要求全部必须使用样式实现（使用系统内置样式或根据指定样式名新建样式）。

① 论文正文（包含结论部分）使用"正文"样式并修改样式格式为：宋体，小四，首行缩进 2 个字符，行距为固定值 20 磅；

② 论文一级标题使用"标题 1"样式并修改样式格式为：宋体，小三，加粗，段前间距 1 行，段后间距 1 行，行距为固定值 20 磅；

③ 论文二级标题使用"标题 2"样式并修改样式格式为：宋体，四号，加粗，段前间距 0.5 行，段后间距 0.5 行，首行缩进 1 个字符，行距为固定值 20 磅；

④ 论文三级标题使用"标题 3"样式并修改样式格式为：宋体，小四，加粗，段前间距 0

行，段后间距 0 行，首行缩进 2 个字符，行距为固定值 20 磅；

⑤ 结论标题使用新建的"结论标题"样式：宋体，四号，加粗，居中，段前和段后间距均为 1 行，行距为固定值 20 磅、大纲级别 1 级。

（5）设置题目的格式为：宋体，一号，加粗，居中。

（6）分节处理。

① 封面为一节（文档题目单独为一页）；

② 目录为一节；

③ 正文为一节；

④ 正文中的每个一级标题处插入"分页符"。

（7）目录生成及目录格式化。

① 在封面和正文之间插入目录；

② 目录标题："目录"二字格式为宋体，三号，加粗，居中；

③ 目录内容：宋体，五号，行距为固定值 20 磅。

（8）设置页眉和页脚。

① 封面、目录无页眉页脚；

② 正文页眉：奇数页的页眉内容为"九寨沟县简介"，格式为宋体、小五，偶数页的页眉内容为"九寨，神奇的地方"，格式为宋体、小五；

③ 正文页脚：在页脚中插入页码，格式为：第×页（例如第 1 页），奇数页的页脚左对齐，偶数页的页脚右对齐。

项目 4

电子表格处理软件 Excel

Excel 是 Microsoft Office 的主要组件之一，是 Windows 环境下的电子表格软件，主要用于对电子表格和表格数据的处理，具有很强的图形、图表处理功能，它提供了强大的表格制作、数据处理、数据分析、创建图表等功能，广泛应用于金融、财务、统计、审计等领域，是一款功能强大、易于操作、深受广大用户喜爱的表格制作与数据处理软件。

本项目主要内容

- Excel 工作簿的建立、保存及打开
- Excel 工作簿的关闭及退出
- 单元格内容的输入及编辑
- 自动填充柄的应用
- 自定义序列的应用
- 工作表的基本操作
- 表格数据的公式和函数计算
- 为单元格添加批注的方法
- 表格格式化的方法
- 设置数值、货币符号、百分比等数字的显示格式
- 设置行高和列宽的方法
- 数据选择性粘贴的使用方法
- 表格数据的排序方法
- 表格数据的自动筛选和自定义筛选
- 表格数据的分类汇总
- 表格数据的图表化
- Excel 的数据透视表和数据透视图

任务1 基本操作

实训目的

（1）掌握 Excel 工作簿的建立、保存及打开的方法。

（2）掌握文本与数值数据输入和编辑的方法。

（3）掌握单元格数据编辑、修改的方法。

（4）掌握自动填充柄的使用方法。

（5）掌握自定义序列的基本使用方法。

（6）掌握 Excel 工作簿的关闭及退出的方法。

实训要求

按照图4.1所示，完成一张简单的学生成绩表的录入操作。

图4.1 学生成绩表效果

1. 启动 Excel 应用程序

执行"开始"→"所有程序"→"Microsoft Office"→"Microsoft Excel 2010"命令，如图4.2所示，启动 Excel 2010，进入 Excel 2010 应用程序主窗口。

提示：

也可以采用以下方法启动 Excel 应用程序。

（1）利用快捷图标启动 Excel 应用程序。如果在桌面上建立有 Excel 的快捷方式图标，双击该图标也可以启动 Excel 应用程序。

（2）通过打开 Excel 文档启动 Excel 应用程序。利用"资源管理器"或"计算机"找到要打开的 Excel 文档，双击该 Excel 文档图标，或右击该图标，从弹出的快捷菜单中执行"打开"命令，也可以启动 Excel，同时打开此文档。

2. 新建 Excel 工作簿

启动 Excel，系统自动创建一个默认文件名为"工作簿1"的工作簿，如图4.3所示。如果用户需要创建的新工作簿不是普通工作簿而是一些特殊工作簿，如日历、业务表、发票、图形、图表、预算、表单、资产、销售等，则可使用 Excel 提供的模板来建新工作簿。

图 4.2　启动 Excel 应用程序

图 4.3　Excel 界面

提示：

也可以采用以下方法新建 Excel 工作簿。

（1）选择"文件"选项卡→"新建"选项，选择"空白工作簿"，单击"创建"按钮。

（2）单击"快速访问工具栏"→"新建"按钮，或按 Ctrl+N 组合键，新建一个默认的空白工作簿。

3. 输入 Excel 工作簿基础数据

在空白工作簿中，按图 4.4 所示输入基础数据。

图 4.4 学生成绩表初步效果图

（1）选择单元格 A1 为活动单元格，直接输入文字"日期："。

（2）按 Enter 键结束对该单元格的输入。

（3）单击单元格 B1，使其作为活动单元格，输入"2015-2-14"。

（4）用同样的方法，在单元格 A15:A16（A15～A16）中分别输入"各科平均成绩"、"各科优秀率"。

（5）在单元格区域 A2:L2（A2～L2）中分别输入"序号"、"班级"、"姓名"、"大学英语"、"计算机应基"、"PLC 技术及应用"、"单片机技术及应用"、"企业营销"、"奖学金金额"、"平均成绩"、"等级考核"、"排名"。

（6）在单元格区域 A3:I3（A3～I3）中分别输入"1"、"DQ201501"、"丁波"、"78"、"82"、"79"、"84"、"86"、"1200"。

（7）用同样的方法，按照图 4.4 所示，把表格中的内容录入完毕。

提示：

（1）单元格可接受的两种基本类型的数据为：常量和公式。

（2）Excel 能够识别常量数据，包括文本型、数值型和日期时间型等，默认情况下，文本型数据是靠左对齐；数值型和日期时间型数据是靠右对齐的。

（3）Excel 内置了一些日期与时间的格式。当输入数据与这些格式相匹配时，Excel 将把它们识别为日期型数据。yy/mm/dd、yy-mm-dd 等都是 Excel 常用的内置格式。

（4）日期使用斜线或连字符"-"输入，格式比较自由，例如："9/5/95"或"1995-9-5"均可。

（5）时间用冒号":"输入，一般以 24 小时格式表示时间，若要以 12 小时格式表示时间，需在时间后加上 A（AM）或 P（PM）。A 或 P 与时间之间要空一格。

（6）在同一单元格中可以同时输入时间和日期，不过彼此之间要空一格。

4. 保存 Excel 工作簿

在工作表中输入了数据后，应该及时将电子表格文件保存在磁盘上以备日后编辑和使用。

（1）打开保存对话框。执行"文件"选项卡→"保存"命令，或者单击"快速访问工具栏"

→"🖫"按钮，弹出如图 4.5 所示的"另存为"对话框。

图 4.5 "另存为"对话框

（2）选择保存位置：C 盘。在 Excel 中，文档默认保存的位置是在"文档库"中，单击"导航窗格"选择"计算机"组中的"本地磁盘 C："，将文档存放在 C 盘的根文件夹下。

（3）使用"学生成绩表"作为该 Excel 文档的文件名进行保存。在"文件名"列表框中，将保存的文档名改为"学生成绩表"。

（4）保存。单击"保存"按钮，即把刚才输入的内容使用指定的文件名保存了。

（5）退出 Excel 应用程序。保存完毕后，单击 Excel 窗口的 ━━X━━ 按钮或者选择"文件"选项卡→"退出"命令退出整个 Excel 应用程序。

提示：

（1）也可以采用以下方法退出 Excel 应用程序。

① 单击任务栏上的 Excel 图标，关闭想要关闭的文档。

② 按 Alt+F4 组合键。

③ 双击 Excel 2010 标题栏左侧的程序图标。

（2）Excel 新建的文件，默认保存的扩展名为.xlsx。为了保证以后在制作编辑工作簿的过程中，能够随时随地保存文件内容，用户可以在如图 4.6 所示的"Excel 选项"对话框的"保存"选项卡中，选中"保存自动恢复信息时间间隔"复选框，可以调整自动恢复文档的时间间隔。

图 4.6 "Excel 选项"对话框的"保存"选项卡

5. 打开并修改已保存的 Excel 工作簿

1）打开刚才保存的 Excel 文档

（1）再次启动 Excel 应用程序，选择"文件"选项卡→"打开"命令或者按 Ctrl+O 组合键，弹出如图 4.7 所示的"打开"对话框。

图 4.7 "打开"对话框

（2）在"导航窗格"的"计算机"组中选择刚才保存文档的位置 C 盘，并找到"学生成绩表.xlsx"文件，最后单击"打开"按钮将该电子表格打开。

提示：

在"文件"选项卡中，选择"最近所用文件"命令，在列出的文档名称中，根据需要单击相应的文档名就可以打开文件。

2）按图 4.1 所示修改数据表中的内容

（1）为工作表添加表格标题"电气自动化技术专业学生成绩表"。

① 选择单元格 A1 为活动单元格，单击鼠标右键，在弹出的快捷菜单中选择"插入"命令，会出现如图 4.8 所示的"插入"对话框，选中"整行"单选按钮，最后单击"确定"按钮退出此对话框。此时之前输入的所有数据均向下移动了一行，A1 成为了空白单元格。

② 在单元格 A1 中输入"电气自动化专业学生成绩表"，完成修改。

（2）将单元格 E3 中的错误数据改为正确数据，"计算机应基"应该改为"计算机应用基础"。

① 将活动单元格移到想要更改内容的单元格 E3 处，此时，在如图 4.9 所示的编辑栏中显示的是该活动单元格的内容。

图 4.8 "插入"对话框

图 4.9 编辑栏

② 将鼠标指针指向编辑栏，在要开始编辑的位置单击，此时会出现闪烁的垂直光标，移动光标修改数据或者重新输入正确的数据。

③ 修改后，如果有误操作，则单击编辑栏左侧的 ✕ 按钮，取消本次修改。如果确认修改，单击 ✔ 按钮，活动单元格保留在原来位置上；或者按 Enter 键，确认修改操作，活动单元格向下移动一个格。

提示：

① 双击想要修改的单元格或将光标移到该单元格中单击并按键盘上的 F2 键，垂直光标直接出现在活动单元格内，也可以直接在单元格中修改，修改后按 Enter 键确认。

② 删除一个或多个单元格中的内容，选取这些单元格，然后按 Delete 键即可。

（3）插入列的操作。

对比图 4.1 和图 4.4，图 4.1 中 J3 是"总成绩"，即需要在"奖学金金额"和"平均成绩"中插入"总成绩"。

① 选中单元格 J3，单击鼠标右键，在弹出的快捷菜单中选择"插入"命令，会出现如图 4.8 所示的"插入"对话框，选中"活动单元格右移"或者"整列"单选按钮，最后单击"确定"按钮退出此对话框。此时"平均成绩"移动到了 K3 单元格，J3 成为了空白单元格。

② 在单元格 J3 中输入"总成绩"，完成修改。

3）应用自动填充柄

在实际生活中经常见到一组相互关联，有着固定增减规律的数据，在 Excel 中可以利用"填充柄"（也称为"序列填充柄"）的功能来简化输入。在选中某个单元格或某个区域后，在其右下角有一个黑色小方块，称为"填充柄"，如图 4.10 所示。用鼠标拖动填充柄，可以进行自动填充。向下或向右为增大，向上或向左为减小。

（1）选中单元格 A4，使其成为活动单元格。

（2）将空心十字形的鼠标指针"⇧"指向填充柄，当鼠标指针变为实心的小十字形"+"时，按住鼠标左键不放，同时按住键盘上的 Ctrl 键。

（3）把鼠标指针向下方向拖动，鼠标指针经过的地方会出现一个不断延伸的虚线框。

（4）一直拖到单元格 A15 为止，松开鼠标左键，再松开 Ctrl 键，相应的序列就自动填充在表格区域中，如图 4.11 所示。

图 4.10 填充柄示意图

图 4.11 拖动填充柄示意图

（5）自定义序列的定义和使用。

① 在图4.12所示的"Excel选项"对话框的"常规"选项卡中，单击"编辑自定义列表(O)"按钮，会弹出如图4.13所示的"自定义序列"对话框。在对话框中的左边的"自定义序列"中选定"新序列"选项，在"输入序列"中增加自定义序列"学号，姓名，籍贯，成绩"（输入时每输入一项后按键盘上的Enter键再输入下一项，如输入"学号"按Enter键后再输入下一项）。所有项输入完后单击"添加"按钮，可以在"自定义序列"列表中看到新添加的序列，如图4.13所示。最后单击"确定"按钮退出对话框。

图4.12　"Excel选项"对话框的"常规"选项卡

图4.13　"自定义序列"对话框

② 在工作表中填充自己定义的自定义序列和系统中已有的自定义序列。

在A20单元格中输入"学号"，拖动A20的填充柄到I20，观察填充的自定义序列。其结果如图4.14所示。

图4.14　自定义序列

提示：

（1）利用填充柄除了可以进行序列填充外，还能进行数据复制以及公式复制等操作。

（2）填充序列的方式有两种，一种是填充数值型序列；另一种是填充文本型序列。

6. 结束本任务操作

保存操作完成后的结果，预览效果如图 4.1 所示，然后使用 Windows 操作系统中关闭窗口的方法，结束 Excel 的运行，退出 Excel 应用程序。

任务2 公式使用

实训目的

（1）掌握 Excel 工作表的基本操作。

（2）掌握表格数据的公式计算方法。

（3）掌握表格数据各种常用函数的计算方法。

（4）掌握为单元格添加批注的方法。

实训要求

按照图 4.15 所示，将学生成绩表中的数据进行计算。

图 4.15　学生成绩表计算后效果图

1. 工作表的基本操作

1）复制工作表

（1）打开任务 1 保存的"学生成绩表.xlsx"。

（2）在"Sheet1"工作表标签上右击，在弹出的快捷菜单中，选择"移动或复制"命令；或者单击"开始"选项卡→"单元格"分组→"格式"按钮→"移动或复制工作表(M)"命令。在如图 4.16 所示的"移动或复制工作表"对话框中的"下列选定工作表之前"选择"Sheet2"，同时选中"建立副本"复选框，单击"确定"按钮退出。

图 4.16 "移动或复制工作表"对话框

（3）此时在工作表"Sheet1"和"Sheet2"之间多出了"Sheet1（2）"。已将工作表"电气自动化技术"中的内容复制到 Sheet1（2）中，如图 4.17 所示。

图 4.17 复制出的工作表

2）重命名工作表

双击"Sheet1（2）"工作表标签，使得原工作表标签处出现加黑显示，输入新名称"函数计算"，最后按 Enter 键即可。

提示：

也可用以下方法对工作表进行重命名。

（1）在"Sheet1"工作表标签上右击，从弹出的快捷菜单中选择"重命名"命令。

（2）选中该工作表，然后选择"开始"选项卡→"单元格"分组→"格式"按钮→"重命名工作表(R)"命令。

3）删除工作表

（1）在"Sheet2"工作表标签上右击，在弹出的快捷菜单中选择"删除"命令；或者选中该工作表，选择"开始"选项卡→"单元格"分组→"删除"按钮→"删除工作表(S)"命令。

（2）用同样的方法，将工作表"Sheet3"删除，完成对工作表的基本操作，最终效果如图 4.18 所示。

图 4.18　工作表标签效果

2. 使用公式计算前 6 名学生的总成绩

总成绩的计算公式是"总成绩=大学英语+计算机应用基础+PLC 技术及应用+单片机技术及应用+企业营销"。

（1）选中"函数计算"工作表。

（2）如图 4.19 所示，选择单元格 J4，输入公式"=D4+E4+F4+G4+H4"，按 Enter 键确认。可以看到 J4 中出现了计算后的总成绩值，而在编辑栏则显示的是其对应的公式。

（3）选择 J4 单元格，向下拖曳填充柄到 J9，计算出前 6 名学生的总成绩。

图 4.19　利用公式计算总成绩

提示：

公式以等号（＝）或加号（＋）开始，由常数、单元格引用、函数和运算符等组成，它将在工作表的其他单元格中现有数据的基础上产生新的数值。

3. 使用 SUM 函数计算后 6 名学生的总成绩

（1）选择单元格 J10，单击"公式"选项卡→"函数库"分组→"插入函数"按钮，弹出如图 4.20 所示的"插入函数"对话框，在"或选择类别"中选择"常用函数"选项，在"选择函数"中选择"SUM"函数，单击"确定"按钮，弹出如图 4.21 所示的"SUM 函数"对话框。

（2）在"SUM 函数"对话框的"Number1"文本框中直接输入 D10:H10，或单击"Number1"文本框右边的　按钮，弹出如图 4.22 所示的"选择区域"对话框，利用鼠标直接在工作表中选取 D10:H10 单元格区域，观察图 4.22 所示的框中内容的变化，再次单击其右侧的　按钮，则又回到图 4.21 所示的对话框，单击"确定"按钮退出此对话框，可以看到 J10 中出现了计算后的总成绩值，而在编辑栏则显示的是其对应的公式。

图 4.20　"插入函数"对话框

图 4.21　"SUM 函数"对话框

图 4.22　"选择区域"对话框

（3）选择 J10 单元格，向下拖曳填充柄到 J15，计算出后 6 名学生的总成绩。

提示：

也可以用以下方法打开"插入函数"对话框。

（1）选择"开始"选项卡→"编辑"分组→"自动求和"按钮 Σ →"其他函数(F)"。

（2）选择"公式"选项卡→"函数库"分组→"自动求和"按钮 Σ →"其他函数(F)"。

（3）直接单击编辑栏上的 f_x 按钮，都会弹出"插入函数"对话框，继而对函数进行计算。

4．使用 AVERAGE 函数计算平均成绩

（1）选择单元格 K4，单击"公式"选项卡→"函数库"分组→"插入函数"按钮，弹出如图 4.20 所示的"插入函数"对话框，在"或选择类别"中选择"常用函数"选项，在"选择函数"中选择"AVERAGE"函数，单击"确定"按钮，弹出如图 4.23 所示的"AVERAGE 函数"对话框。

（2）在"AVERAGE 函数"对话框的"Number1"文本框中直接输入 D4:H4，或单击"Number1"文本框右边的 按钮，弹出如图 4.22 所示的"选择区域"对话框，利用鼠标直接在工作表中选取 D4:H4 单元格区域，观察图 4.22 所示的框中内容的变化，再次单击其右侧的 按钮，则又回到图 4.23 所示的对话框，单击"确定"按钮退出此对话框，可以看到 K4 中出现了计算后的平均成绩值，而在编辑栏则显示的是其对应的公式。

图 4.23　"AVERAGE 函数"对话框

（3）选择 K4 单元格，向下拖曳填充柄到 K15，计算出所有学生的平均成绩。

（4）用同样的方法，在 D16:H16、J16:K16 中分别计算出"大学英语"、"计算机应用基础"、"PLC 技术及应用"、"单片机技术及应用"、"企业营销"、"总成绩"、"平均成绩"的平均值。

5. 使用 IF 函数计算等级考核

假设平均分 80 分以上为优秀，其余为合格。

（1）选择单元格 L4，单击"公式"选项卡→"函数库"分组→"插入函数"按钮，弹出如图 4.20 所示的"插入函数"对话框，在"或选择类别"中选择"常用函数"选项，在"选择函数"中选择"IF"函数，单击"确定"按钮，弹出如图 4.24 所示的"IF 函数"对话框。

（2）在"IF 函数"对话框的"Logical_test"文本框中直接输入"K4>=80"，注意在英文输入法状态下完成公式的输入，在"Value_if_true"文本框中直接输入"优秀"，在"Value_if_false"文本框中直接输入"合格"，最后单击"确定"按钮退出对话框。

图 4.24 "IF 函数"对话框

（3）选择 L4 单元格，向下拖曳填充柄到 L15，计算出所有学生的等级考核。

6. 使用 RANK 函数计算排名

（1）选择单元格 M4，单击"公式"选项卡→"函数库"分组→"插入函数"按钮，弹出如图 4.20 所示的"插入函数"对话框，在"或选择类别"中选择"常用函数"选项，在"选择函数"中选择"RANK"函数，单击"确定"按钮，弹出如图 4.25 所示的"RANK 函数"对话框。

（2）在"RANK 函数"对话框的"Number"文本框中直接输入"J4"，或直接单击 J4 单元，在"Ref"文本框中直接输入"$J$4:$J$15"（录入时需要使用绝对引用的单元格格式，以免公式在复制时引用单元格区域发生变化），在"Order"文本框中直接输入"0"，最后单击"确定"按钮退出对话框。

图 4.25 "RANK 函数"对话框

（3）选择 M4 单元格，向下拖曳填充柄到 M15，计算出所有学生的排名。

提示：

RANK 函数是用来计算某数字在一列数字中相对于其他数值的大小排名的，使用时需要设置三个参数，参数 Number 指的是需要进行排名的数据；参数 Ref 指的是需要排名的数据区域，又因为排名的数据区域是固定一致的，所以 Ref 文本框中的数据区域在录入时需要使用绝对引用的单元格格式，以免公式在复制时引用单元格区域发生变化；参数 Order 指定了排名的方式，如果为 0 或忽略，则为降序，非零值则为升序。

7. 使用 COUNTIF 及 COUNT 函数计算各科优秀率

优秀率=成绩大于等于 80 的学生人数/学生总人数，优秀率的计算需要用到两种函数。

1）使用 COUNTIF 函数计算出成绩为优秀的学生人数

（1）选择单元格 D17，单击"公式"选项卡→"函数库"分组→"插入函数"按钮，弹出如图 4.20 所示的"插入函数"对话框，在"或选择类别"中选择"常用函数"选项，在"选择函数"中选择"COUNTIF"函数，单击"确定"按钮，弹出如图 4.26 所示的"COUNTIF函数"对话框。

（2）在"COUNTIF 函数"对话框的"Range"文本框中直接输入"D4:D15"，在"Criteria"文本框中直接输入优秀条件">=80"，注意在英文输入法状态下完成公式的输入，最后单击"确定"按钮退出对话框。

（3）此时在单元格 D17 中可显示大学英语成绩为优秀的学生人数。

图 4.26 "COUNTIF 函数"对话框

2）使用 COUNT 函数计算出学生总人数

（1）选择单元格 D17，在编辑栏中将插入点放到公式的最末处，输入代表除以的符号"/"，然后继续选择如图 4.20 所示的"插入函数"对话框，在"或选择类别"中选择"常用函数"选项，在"选择函数"中选择"COUNT"函数，单击"确定"按钮，弹出如图 4.27 所示的"COUNT函数"对话框。

图 4.27 "COUNT 函数"对话框

（2）在"COUNT 函数"对话框的"Value1"文本框中直接输入"D4:D15"，最后单击"确定"按钮退出对话框。

（3）此时在单元格 D17 中可显示大学英语的优秀率。

3）计算出所有科目的优秀率

选择 D17 单元格，向右拖曳填充柄到 H17，计算出所有科目的优秀率。

提示：

（1）COUNT 函数是用来计算某个区域中包含数字的单元格个数的，其参数 Value 指的是计算的区域。

（2）COUNTIF 函数是用来计算某个区域中满足给定条件的单元格数目，它包含两个参数，参数 Range 指的是计算的区域，参数 Criteria 指的是给定的条件。

8．使用 HLOOKUP 函数计算每个人大学英语成绩的等级考核

（1）在 A22 开始的位置建立水平查询数据表，利用水平查表函数将平均成绩分为"良好"、"中等"、"及格"和"不及格"4 个等级显示（60 分以下不及格、60～69 分及格、70～79 分中等、80～100 分良好）。

（2）在 A22 开始的位置录入如图 4.28 所示的水平查询数据条件。23 行中建立的数据为查询的间距数组，24 行为其对应的等级。

图 4.28　建立水平查询数据条件

（3）在单元格 N3 中输入"英语考核"，选择单元格 N4，单击"公式"选项卡→"函数库"分组→"插入函数"按钮，弹出如图 4.20 所示的"插入函数"对话框，在"或选择类别"中选择"查找与引用"选项，在"选择函数"中选择"HLOOKUP"函数，单击"确定"按钮，弹出如图 4.29 所示的"HLOOKUP 函数"对话框。

图 4.29　"HLOOKUP 函数"对话框

（4）在"HLOOKUP 函数"对话框的"Lookup_value"文本框中直接输入"D4"，在"Table_array"文本框中直接输入"$A$23:$E$24"（录入时需要使用绝对引用的单元格格式，以免公式在复制时引用单元格区域发生变化），在"Row_index_num"文本框中直接输入"2"，最后单击"确定"按钮退出对话框。

（5）选择 N4 单元格，向下拖曳填充柄到 N15，计算出所有学生的英语成绩等级。

提示：

HLOOKUP 函数是水平查找函数，它与 LOOKUP 函数和 VLOOKUP 函数属于一类函数，HLOOKUP 是按行查找的，VLOOKUP 是按列查找的。HLOOKUP 函数总共有 4 个参数。

（1）Lookup_value 为需要在数据表第一行中进行查找的数值。Lookup_value 可以为数值、引用或文本字符串。

（2）Table_array 为需要在其中查找数据的数据表。

（3）Row_index_num 为大 Table_array 中待返回数据在区域的第几行数。

（4）Range_lookup 为逻辑值，指明函数 HLOOKUP 查找时是精确匹配，还是近似匹配。如果为 TURE、1 或者省略，则返回近似匹配值。也就是说，如果找不到精确匹配值，则返回小于 Lookup_value 的最大数值。如果 Range_lookup 为 FALSE 或 0，函数 HLOOKUP 将查找精确匹配值，如果找不到，则返回错误值#N/A。

需要特别注意的是：如果 Range_lookup 为 TRUE、1 或者省略，则 Table_array 的第一列中的数值必须按升序排列，否则，函数 VLOOKUP 不能返回正确的数值。

9．为单元格添加批注

（1）单击需要添加批注的单元格 L3。

（2）单击"审阅"选项卡→"批注"分组→"新建批注"按钮。

（3）在弹出的批注框中输入批注文本"平均分在 80 分以上的同学等级考核为优秀"。

（4）完成文本输入后，单击批注框外部的工作表区域。一般情况下，包含批注单元格的右上角会出现一个批注标识符，只要将鼠标箭头停留在包含批注的单元格上时即会显示批注。效果如图 4.30 所示。

图 4.30　添加批注效果

提示：

（1）如果以后要编辑批注，只需单击需要编辑批注的单元格，然后单击"审阅"选项卡→"批注"分组→"编辑批注"按钮即可。

（2）当在工作表中对各数据项进行排序时，批注也随着数据项移动到排序后的新位置。

10．结束本任务操作

保存操作完成后的结果，预览效果如图 4.15 所示，然后使用 Windows 操作系统中关闭窗口的方法，结束 Excel 的运行，退出 Excel 应用程序。

任务3 格式设置

实训目的

（1）掌握表格格式化的方法。

（2）学会设置数值、货币符号、百分比等数字的显示格式。

（3）了解用自动套用格式来美化表格。

（4）掌握设置行高和列宽的方法。

（5）掌握数据选择性粘贴的使用方法。

实训要求

按照图 4.31 所示，将学生成绩表中的数据进行格式化。

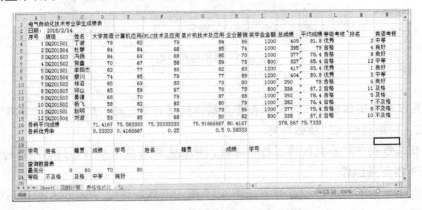

图 4.31　学生成绩表格式化效果

1. 工作表的基本操作

（1）打开任务 2 保存的 Excel 工作簿"学生成绩表.xlsx"。

（2）选择"函数计算"工作表。

（3）参考任务 2 中复制工作表的做法，将"函数计算"工作表的内容复制到"函数计算（2）"中，并将其重命名为"表格格式化"，如图 4.32 所示。

图 4.32　复制出的"表格格式化"工作表

2. 设置单元格数据的对齐方式

1）设置合并居中的对齐方式

（1）选取 A1:N1 单元格区域。

（2）选择"开始"选项卡→"单元格"分组→"格式"按钮→"设置单元格格式(E)"命令，弹出如图 4.33 所示的"设置单元格格式"对话框。

图 4.33 "设置单元格格式"对话框

（3）单击"对齐"选项卡，设置"水平对齐"为"居中"，"垂直对齐"为"居中"，选中"文本控制"中的"合并单元格"复选框，最后单击"确定"按钮退出"设置单元格格式"对话框，可实现选定区域的合并居中显示。

（4）用同样的方法，将 A16:C16 以及 A17:C17 分别设为合并居中显示。

2）设置水平及垂直居中的对齐方式

（1）选取 A3:N17 单元格区域。

（2）仍然选择如图 4.33 所示"设置单元格格式"对话框中的"对齐"选项卡，设置"水平对齐"为"居中"，"垂直对齐"为"居中"，最后单击"确定"按钮退出该对话框，可实现选定数据的水平及垂直居中显示。

3）设置文字自动换行的对齐方式

（1）选取 A3:N3 单元格区域。

（2）仍然选择如图 4.33 所示"设置单元格格式"对话框中的"对齐"选项卡，设置"水平对齐"为"居中"，"垂直对齐"为"居中"，再选中"文本控制"中的"自动换行"复选框，最后单击"确定"按钮退出该对话框，可实现单元格内的文字自动换行显示。效果如图 4.34 所示。

提示：

（1）单击"开始"选项卡→"对齐方式"分组→"功能扩展"按钮，也可以打开"设置单元格格式"对话框的"对齐"选项卡。

（2）单击"开始"选项卡→"对齐方式"分组→"合并后居中"按钮 合并后居中 可快速设置所选区域的合并居中格式。

图 4.34　设置单元格对齐方式效果

3. 设置单元格数据的字体样式

（1）选择 A1 单元格。

（2）单击"开始"选项卡→"字体"分组→"字体"按钮，选择字体为"黑体"；单击"字号"按钮，选择字号为"24"，字体颜色为"蓝色"。单击"加粗"按钮" **B** "，使标题文本加粗显示。

（3）也可单击"开始"选项卡→"字体"分组→"功能扩展"按钮，或者是选择"开始"选项卡→"单元格"分组→"格式"按钮→"设置单元格格式(E)"命令，在弹出的"设置单元格格式"对话框中选择如图 4.35 所示"字体"选项卡，进行字体样式的更改。

图 4.35　设置单元格字体格式

（4）用同样的方法将 A2:N17 区域中的内容设为"楷体"、"12"号。效果如图 4.36 所示。

4. 设置单元格数据的数字样式

1）更改日期的显示样式

（1）选择 B2 单元格。

表格顶部为一个Excel界面截图，包含"电气自动化技术专业学生成绩表"的数据表。

序号	班级	姓名	大学英语	计算机应用基础	PLC技术及应用	单片机技术及应用	企业管销	奖学金金额	总成绩	平均成绩	等级考核	排名	英语考核
	日期:	2015/2/14											
1	DQ201501	丁波	78	82	79	84	86	1200	409	81.8	优秀	2	中等
2	DQ201504	杜馨	84	84	68	85	74	1000	395	79	合格	4	良好
3	DQ201503	冯扬	84	69	69	85	70	1000	377	75.4	合格	8	良好
4	DQ201502	贺鑫	70	67	58	59	73	800	327	65.4	合格	12	中等
5	DQ201501	李阳杰	82	77	93	82	83	1200	417	83.4	优秀	1	良好
6	DQ201504	廖川	74	85	79	77	89	1200	404	80.8	优秀	3	中等
7	DQ201502	林淘	85	69	83	73	80	1000	390	78	良好	6	良好
8	DQ201503	邬山	65	59	67	70	75	800	336	67.2	合格	11	及格
9	DQ201503	姜靖	68	70	79	87	88	1000	392	78.4	合格	5	及格
10	DQ201502	杨飞	58	82	83	80	79	1000	382	76.4	合格	7	不及格
11	DQ201501	赵明	56	78	78	79	86	1000	377	75.4	合格	8	不及格
12	DQ201504	刘波	53	85	68	50	82	800	338	67.6	合格	10	不及格
	各科平均成绩		71.4167	75.583333	75.3333333	75.91666667	80.4167		378.667	75.7333			
	各科优秀率		0.33333	0.4166667	0.25	0.5	0.58333						

图 4.36 设置单元格字体样式效果

（2）选择"开始"选项卡→"数字"分组→"日期"按钮→"长日期"命令，B2 中的日期将显示为"2015 年 2 月 14 日"的样式。也可以单击"开始"选项卡→"字体"分组→"功能扩展"按钮，或者是选择"开始"选项卡→"单元格"分组→"格式"按钮→"设置单元格格式(E)"命令，在弹出"设置单元格格式"对话框中选择如图 4.37 所示"数字"选项卡，进行数字样式的更改。

图 4.37 设置单元格中的日期格式

2）设置平均成绩、各科平均成绩为整数样式显示

（1）选择 K4:K15 区域。

（2）打开"设置单元格格式"对话框中的"数字"选项卡，在"分类"选项区域中选择"数值"，在右侧的选项中将"小数位数"设为"0"，进行数值小数位数的更改，如图 4.38 所示。也可以单击"开始"选项卡→"数字"分组→"减少小数位数"按钮，进行快速设置。

（3）用同样的方法，将 D16:K16 区域也更改为整数数值的显示。

3）设置各科优秀率为百分比样式显示

（1）选择 D17:H17 区域。

（2）打开"设置单元格格式"对话框中的"数字"选项卡，在"分类"选项区域中选择"百分比"，并在右侧的选项中将"小数位数"设为"0"，如图 4.39 所示。也可以单击"开始"选

项卡→"数字"分组→"百分比样式"按钮 % ，进行快速设置。

图 4.38　设置单元格中的数值格式

图 4.39　设置单元格中的百分比样式

4）设置奖学金为货币样式显示

（1）选择 I4:I15 区域。

（2）打开"设置单元格格式"对话框中的"数字"选项卡，如图 4.40 所示，在"分类"选项区域中选择"货币"，数字样式设置完成后的效果如图 4.41 所示。也可以单击"开始"选项卡→"数字"分组→"货币样式"按钮 ，进行快速设置。

5. 设置单元格数据的边框样式

（1）选择 A3:N17 区域。

（2）单击"开始"选项卡→"字体"分组→"下框线"按钮右侧的下拉箭头，在出现的菜单中，选择所需边框样式，可快速设置边框样式。

（3）复杂的边框样式，最好是选择"开始"选项卡→"字体"分组→"下框线"按钮→"其他边框(M)"命令，在弹出"设置单元格格式"对话框中选择如图 4.42 所示"边框"选项卡，进行边框样式的设置。

图 4.40　设置单元格中的货币样式

图 4.41　设置单元格数字样式效果

图 4.42　设置单元格边框样式

提示：

也可以采用以下方法打开"设置单元格格式"对话框的"边框"选项卡。

① 单击"开始"选项卡→"对齐方式"分组→"功能扩展"按钮，打开"设置单元格格式"对话框，选择"边框"选项卡。

② 选择"开始"选项卡→"单元格"分组→"格式"按钮→"设置单元格格式(E)"命令，打开"设置单元格格式"对话框，选择"边框"选项卡。

（4）在"线条"选项区域的"样式"列表框中选择"双线"选项，"颜色"下拉列表框中选择"紫色"选项，再单击"预置"选项区域中的"外边框"按钮，就给表格加上了紫色双线外框。

（5）仍在"边框"选项卡下，在"线条"选项区域的"样式"列表框中选择"细实线"选项，"颜色"下拉列表框中选择"橙色"选项，再单击"预置"选项区域中的"内部"按钮，就给表格内部加上了橙色细线。效果如图 4.43 所示。

图 4.43　设置单元格边框样式效果

6. 设置单元格数据的填充样式

（1）选择 B4:B15 区域。

（2）单击"开始"选项卡→"字体"分组→"填充颜色"按钮右侧的下拉箭头，在出现的列表框中选择"黄色"填充颜色，可快速设置单元格的纯色填充样式。

（3）选择 A3:N3 区域。

（4）复杂的填充样式，需要单击"开始"选项卡→"字体"分组→"功能扩展"按钮，在弹出的"设置单元格格式"对话框中选择如图 4.44 所示"填充"选项卡，进行填充样式的设置。

（5）在"填充"选项卡中，单击"填充效果"按钮，在弹出如图 4.45 所示的"填充效果"对话框中，在"颜色"选项区域中选中"双色"单选项按钮，并将"颜色 1"设置为"白色"，"颜色 2"设置为"蓝色，强调文字颜色 1"；"底纹样式"选项区域中选中"水平"单选按钮；"变形"选项区域选中"左上角"的样式，单击"确定"按钮退出该对话框，可实现选中区域的渐变背景色的填充样式。效果如图 4.46 所示。

图 4.44　设置单元格填充样式

图 4.45　"填充效果"对话框

序号	班级	姓名	大学英语	计算机应用基础	PLC技术及应用	单片机技术及应用	企业简介	奖学金金额	总成绩	平均成绩	等级考核	排名	英语考核

电气自动化技术专业学生成绩表

日期：　2015年2月14日

序号	班级	姓名	大学英语	计算机应用基础	PLC技术及应用	单片机技术及应用	企业简介	奖学金金额	总成绩	平均成绩	等级考核	排名	英语考核
1	DQ201501	丁波	78	82	79	84	86	¥1,200.00	409	82	优秀	2	中等
2	DQ201504	杜峰	84	84	68	85	74	¥1,000.00	395	79	合格	4	良好
3	DQ201503	冯柳	84	69	69	85	70	¥1,000.00	377	75	合格	8	良好
4	DQ201502	贺鑫	70	67	58	59	73	¥800.00	327	65	合格	12	中等
5	DQ201501	李阳杰	82	77	93	82	83	¥1,200.00	417	83	优秀	1	良好
6	DQ201501	廖川	74	85	79	77	89	¥1,200.00	404	81	优秀	3	中等
7	DQ201502	林海	85	69	83	73	80	¥1,000.00	390	78	合格	6	良好
8	DQ201503	邱山	65	59	67	70	75	¥800.00	336	67	合格	11	及格
9	DQ201503	秦靖	68	70	79	87	88	¥1,000.00	392	78	合格	5	及格
10	DQ201502	杨飞	58	82	83	80	79	¥1,000.00	382	76	合格	7	不及格
11	DQ201501	赵明	56	78	78	79	86	¥1,000.00	377	75	合格	8	不及格
12	DQ201504	刘波	53	85	68	50	82	¥800.00	338	68	合格	10	不及格
各科平均成绩			71	76	75	76	80		379	76			
各科优秀率			33%	42%	25%	50%	58%						

Sheet1　函数计算　表格格式化

图 4.46　设置单元格填充样式效果

提示：

（1）也可以采用以下方法打开"设置单元格格式"对话框，对所选数据进行格式化。

① 单击"开始"选项卡→"单元格"分组→"格式"按钮→"设置单元格格式(E)…"命令。

② 在所选区域上右击，在弹出的快捷菜单中选择"设置单元格格式(F)"命令。

（2）使用自动套用格式对数据进行格式化。

① Excel 提供了专业报表格式来帮助用户快速美化表格。选择数据后单击"开始"选项卡→"样式"分组→"套用表格格式"，可选择任意的格式来美化表格，如图 4.47 所示。

② "自动套用格式"可自动识别 Excel 工作表中的汇总层次以及明细数据的具体情况，然后统一对它们的格式进行修改。Excel 2010 通过"自动套用格式"功能向用户提供了浅色、中等深浅、深色三大类、60 余种不同的内置格式集合，每种格式集合都包括有不同的字体、字号、数字、图案、边框、对齐方式、行高、列宽等设置项目，完全可满足我们在各种不同条件下设置工作表格式的要求。

③ 在完成自动套用格式操作后，屏幕上会出现套用的实际效果。如果不满意的话，单击"常用"工具栏中的 按钮，然后再重新选择别的格式。

图 4.47　自动套用格式

7. 利用条件格式设置表格样式

将各科成绩大于等于 60 且小于等于 75 的单元格样式设置为"浅红填充色深红色文本"；将等级考核为"优秀"的单元格样式设置为"绿填充色深绿色文本"。

（1）选中 D4:H15 区域，选择"开始"选项卡→"样式"分组→"条件格式"按钮→"突出显示单元格规则(H)"选项→"介于(B)"命令,在弹出如图4.48所示的"介于"对话框中进行设置,设置完毕成后单击"确定"按钮退出该对话框,可实现选中区域的介于60分到75分之间的单元格样式显示为浅红填充色深红色文本。

图4.48 "介于"对话框

(2)用同样的方法,选中L4:L15区域,选择"开始"选项卡→"样式"分组→"条件格式"按钮→"突出显示单元格规则(H)"选项→"文本包含(T)"命令,在弹出如图4.49所示的对话框中进行设置,设置完成后单击"确定"按钮退出该对话框,可实现等级考核为优秀的单元格样式显示为绿填充色深绿色文本。最后效果如图4.50所示。

图4.49 "文本中包含"对话框

序号	班级	姓名	大学英语	计算机应用基础	PLC技术及应用	单片机技术及应用	企业管理	奖学金金额	总成绩	平均成绩	等级考核	排名	英语考核
													电气自动化技术专业学生成绩表
日期:	2015年2月14日												
1	DQ201501	丁波	78	82	79	84	86	¥1,200.00	409	82	优秀	2	中等
2	DQ201504	杜肇	84	84	68	85	74	¥1,000.00	395	79	合格	4	良好
3	DQ201503	冯伟	84	69	69	85	70	¥1,000.00	377	75	合格	8	良好
4	DQ201502	贺鑫	70	67	58	59	73	¥800.00	327	65	合格	12	中等
5	DQ201501	李阳杰	82	77	93	82	83	¥1,200.00	417	83	优秀	1	良好
6	DQ201504	廖川	74	85	79	77	89	¥1,200.00	404	81	优秀	3	中等
7	DQ201502	林淘	85	69	83	73	80	¥1,000.00	390	78	合格	6	良好
8	DQ201503	邱山	65	59	67	70	75	¥800.00	336	67	合格	11	及格
9	DQ201503	吴靖	68	70	79	87	88	¥1,000.00	392	78	合格	5	及格
10	DQ201502	杨飞	58	82	83	80	79	¥1,000.00	382	76	合格	7	不及格
11	DQ201501	赵明	56	78	78	79	86	¥1,000.00	377	75	合格	8	不及格
12	DQ201504	刘波	53	85	68	50	82	¥800.00	338	68	合格	10	不及格
	各科平均成绩		71	76	75	76	80		379	76			
	各科优秀率		33%	42%	25%	50%	58%						

图4.50 利用条件格式设置表格样式效果

提示:

(1)"条件格式"命令中还有"数据条"、"色阶"、"图标集"等选项可以设置特殊的显示样式。

(2)"条件格式"按钮→"新建规则(N)"命令还可以自定义规则及其显示格式。图4.51为"新建格式规则"对话框。

图 4.51 为"新建格式规则"对话框

8. 设置表格的列宽及行高

（1）选中 A 列，选择"开始"选项卡→"单元格"分组→"格式"按钮→"列宽(W)"命令，弹出"列宽"对话框，在"列宽"文本框中输入"5.5"，如图 4.52 所示，最后单击"确定"按钮。

图 4.52 设置列宽

（2）用同样的方法设置 B～N 列的列宽分别为"13"、"6"、"5"、"8"、"8"、"8"、"5"、"10"、"7"、"5"、"5"、"5"、"6"。若相邻列的列宽是一样的，则可同时选中相邻的多列后，再选择"列宽"对话框进行设置。

（3）用同样的方法设置 1 行、3 行的行高分别为"27"、"33"。效果如图 4.31 所示。

9. 数据的选择性粘贴

如图 4.53 所示，将 A3:N12 的数据复制到 P3 开始的单元格中，要求复制得到的数据是将表格的行与列互换。

（1）选择 A3:N12 单元格区域，单击鼠标右键，在弹出的快捷菜单中选择"复制"命令，或者选择"开始"选项卡→"剪贴板"分组→"复制"命令，此时选定的区域将出现滚动的虚线边框，我们将其称为活动选定框，表示系统已将内容复制到系统的剪贴板上。

（2）单击单元格 P3，选择"开始"选项卡→"剪贴板"分组→"粘贴"按钮→"转置(T)"命令，可实现对数据的行列互换的复制。

图 4.53 数据行列互换复制效果

提示:

"开始"选项卡→"剪贴板"分组→"粘贴"命令或"开始"选项卡→"剪贴板"分组→"粘贴"按钮→"选择性粘贴"命令,均可完成粘贴工作。粘贴是粘贴所选区域的所有内容、格式和批注;"选择性粘贴"对话框如图4.54所示,是对所选区域完成有选择性的某一项进行粘贴。

图4.54 "选择性粘贴"对话框

10. 结束本任务操作

保存操作完成后的结果,预览效果如图4.31所示,然后使用Windows操作系统中关闭窗口的方法,结束Excel的运行,退出Excel应用程序。

任务4 数据管理

实训目的

(1)掌握表格数据的排序方法。
(2)掌握表格数据的自动筛选和自定义筛选。
(3)掌握表格数据的分类汇总方法。
(4)掌握将表格数据创建为图表显示的方法。
(5)掌握数据透视表和数据透视图的创建方法。

实训要求

按照相关要求,将学生成绩表中的数据进行排序、筛选、分类汇总、图表显示及创建数据透视表。

1. 工作表的基本操作

(1)打开任务3保存的"学生成绩表.xlsx"。

(2)把"表格格式化"工作表复制1次,在工作表"表格格式化"后又增加了工作表"表格格式化(2)",将其重命名为"排序"。

(3)在"排序"工作表中,删除N~Y列。在列号"N"上按住左键的同时向右拖动至列号"Y",此时选中N~Y列区域,单击"开始"选项卡→"单元格"分组→"删除"按钮,被选中的列将消失。

（4）使用同样的方法删除 20～24 行。

（5）把"排序"工作表复制 3 次，在工作表"排序"后又增加了工作表"排序（2）"、"排序（3）"、"排序（4）"三张工作表。

（6）将工作表"排序（2）"、"排序（3）"、"排序（4）"分别命名为"筛选"、"分类汇总"、"图表"，如图 4.55 所示。

图 4.55　工作表标签效果

2．表格数据的排序

排序就是按照指定的要求来重新排列工作表中的行。排序并不改变行的内容，当两行有完全相同的数据时，会继续按照次要关键字进行再次排序。

（1）选中"排序"工作表，对数据进行排序。

（2）选择 A3:M15 单元格区域。

（3）单击"开始"选项卡→"编辑"分组→"排序和筛选"按钮→"自定义排序(U)"命令，弹出如图 4.56 所示的"排序"对话框。单击"数据"选项卡→"排序和筛选"分组→"排序"按钮，也会弹出如图 4.56 所示的"排序"对话框。

图 4.56　"排序"对话框

（4）在"主要关键字"下拉列表框中选择"班级"，并设置其为"降序"排列；单击"添加条件"按钮，增加"次要关键字"选项，在"次要关键字"下拉列表框中选择"计算机应用基础"，并设置其为"升序"排列；继续单击"添加条件"按钮，设置增加的"次要关键字"下拉列表框中选择"大学英语"，并设置其为"降序"排列；并选中对话框右上角的"数据包含标题"复选框，最后单击"确定"按钮即完成如图 4.57 所示的排序结果。

提示：

最简单的排序可以用以下两种方式实现。

（1）直接用"数据"选项卡→"排序和筛选"分组→"升序"按钮 ↓ 和"降序"按钮 ↓。

（2）单击"开始"选项卡→"编辑"分组→"排序和筛选"按钮→"升序(S)"命令和"降序(O)"命令。

图 4.57　学生成绩表排序效果

3．工作表数据的自动筛选

1）对数据进行自动筛选

实际应用中经常需要按照某一两个条件，从数据列表中选取一部分数据显示出来。Excel 提供了丰富的数据分析方法，可以快捷、正确、有效地完成对数据的管理。

（1）选中"筛选"工作表，选择 A3:M15 单元格区域。

（2）单击"开始"选项卡→"编辑"分组→"排序和筛选"按钮→"筛选(F)"命令，或者单击"数据"选项卡→"排序和筛选"分组→"筛选"按钮，所选区域的第一行数据表格的列标题旁都将出现筛选箭头 ▾ 。

（3）单击"等级考核"旁的筛选箭头，在展开的下拉列表中只选择"优秀"选项，工作表中在原数据列表显示区域将显示出等级考核为优秀的所有学生，如图 4.58 所示。其他学生的数据此时被隐藏起来了。

图 4.58　等级考核为优秀的学生

2）对数据进行自定义筛选

有时我们在进行筛选时，同一个项目下筛选条件有多个，仅用已有的筛选选项根本不能满足要求，这时可以使用"自定义"筛选条件进行筛选。例如，筛选条件为筛选出大学英语成绩大于等于 65 分且小于 80 分的学生。

（1）先取消之前关于"等级考核"的筛选，方法是单击等级考核右下角 ▾ 按钮，在展开的下拉菜单中选择"从'等级考核'中清除筛选"，可取消之前的筛选结果。

（2）单击"大学英语"旁的筛选箭头，在展开的下拉菜单中单击"数字筛选(F)"选项→"介于(W)"命令，弹出如图 4.59 所示的"自定义自动筛选方式"对话框，设置"大学英语"为"大于或等于"，在其右边列表框中输入"65"，在第二行左边列表框中选择"小于"，右边列表框中输入"80"，然后单击"确定"按钮退出该对话框。工作表此时显示的是大学英语成绩大于等于 65 分且小于 80 分的学生。结果如图 4.60 所示。

图 4.59 "自定义自动筛选方式"对话框

图 4.60 大学英语成绩大于等于 65 分且小于 80 分的学生

提示：

（1）在如图 4.59 所示的"自定义自动筛选方式"对话框中，可以为一个字段设置两个筛选条件，然后按照两个条件的组合进行筛选。两个条件的组合有"与"或"或"两种，前者表示筛选出同时满足两个条件的数据，后者表示筛选出满足任意一个及以上条件的数据。

（2）如果要退出自动筛选状态，再次单击"开始"选项卡→"编辑"分组→"排序和筛选"按钮→"筛选(F)"命令，或者单击"数据"选项卡→"排序和筛选"分组→"筛选"按钮，则可取消自动筛选且字段名侧的向下箭头也消失。

3）对数据进行高级筛选

实际应用中往往会遇到更复杂的筛选条件，就需要使用高级筛选。如图 4.61 所示需要筛选出等级考核为优秀、大学英语成绩大于等于 60 分、计算机应用基础成绩小于等于 83 分的学生，结果复制从 A23 开始。

（1）如图 4.61 所示按要求录入筛选条件：在 B19:D20 中输入"等级考核"、"大学英语"、"计算机应用基础"；在 B20:D20 中输入"优秀"、">=75"、"<=80"，注意在英文输入法状态下

完成公式的输入。

图4.61　高级筛选结果

（2）选择A3:M15单元格区域，单击"数据"选项卡→"排序和筛选"分组→"高级"按钮，弹出如图4.62所示的"高级筛选"对话框。

（3）在"高级筛选"对话框中，选择"方式"为"将筛选结果复制到其他位置"；在"列表区域"文本框中直接输入"A3:M15"，或单击列表区域文本框右边的■按钮，弹出"选择区域"对话框，利用鼠标直接在工作表中选取A3:M15单元格区域，再次单击其右侧的■按钮，则又回到图4.62所示的对话框；在"条件区域"文本框中直接输入"B19:D20"，或在激活"条件区域"文本框后用鼠标直接选择"B19:D20"单元格区域；在"复制到"文本框中直接输入"A23"，或在激活"复制到"的文本框后用鼠标直接选择"A23"，最后单击"确定"按钮退出该对话框。

图4.62　"高级筛选"对话框

4. 工作表数据的分类汇总

分类汇总可以对数据列表中的数据进行求和、计数、求平均值、求标准差等统计运算。通过分类汇总，可以得到一些数据的统计信息。

要求按照班级对"大学英语"、"计算机应用基础"、"PLC技术及应用"、"单片机技术及应用"、"企业营销"、"奖学金金额"、"总成绩"、"平均成绩"进行汇总。

1）工作表数据排序

在工作表"分类汇总"中，选取单元格区域A3:M15，单击"开始"选项卡→"编辑"分组→"排序和筛选"按钮→"自定义排序(U)"命令，或者单击"数据"选项卡→"排序和筛选"分组→"排序"按钮，在弹出的"排序"对话框中，在"主要关键字"下拉列表框中选择"班级"选项，并设置其为"升序"排列，单击"确定"按钮退出该对话框，完成按班级进行排序排列。

2）分类汇总

（1）仍然选择 A3:M15 单元格区域，单击"数据"选项卡→"分级显示"分组→"分类汇总"按钮，弹出如图 4.63 所示的"分类汇总"对话框。

图 4.63 "分类汇总"对话框

（2）在"分类汇总"对话框中，设置"分类字段"为"班级"，然后选择"选定汇总项"中的"大学英语"、"计算机应用基础"、"PLC 技术及应用"、"单片机技术及应用"、"企业营销"、"奖学金金额"、"总成绩"、"平均成绩"，单击"确定"按钮退出该对话框，最后的效果如图 4.64 所示。

序号	班级	姓名	大学英语	计算机应用基础	PLC技术及应用	单片机技术及应用	企业营销	奖学金金额	总成绩	平均成绩	等级考核	排名
1	DQ201501	丁波	78	82	79	84	86	¥1,200.00	409	82	优秀	5
5	DQ201501	李阳杰	82	77	93	82	83	¥1,200.00	417	83	优秀	4
11	DQ201501	赵明	56	78	78	79	86	¥1,000.00	377	75	合格	11
	DQ201501 汇总		216	237	250	245	255	¥3,400.00	1203	241		
4	DQ201502	贺鑫	70	67	58	59	73	¥800.00	327	65	合格	15
7	DQ201502	林涛	85	69	83	73	80	¥1,000.00	390	78	合格	9
10	DQ201502	杨飞	58	82	83	80	79	¥1,000.00	382	76	合格	10
	DQ201502 汇总		213	218	224	212	232	¥2,800.00	1099	220		
3	DQ201503	冯扬	84	69	69	85	70	¥1,000.00	377	75	合格	11
8	DQ201503	邱山	65	59	67	70	75	¥800.00	336	67	合格	14
9	DQ201503	晏靖	68	70	79	87	88	¥1,000.00	392	78	合格	9
	DQ201503 汇总		217	198	215	242	233	¥2,800.00	1105	221		
2	DQ201504	杜擎	84	84	68	85	74	¥1,000.00	395	79	合格	7
6	DQ201504	廖川	74	85	79	77	89	¥1,200.00	404	81	优秀	6
12	DQ201504	刘波	53	85	68	50	82	¥800.00	338	68	合格	13
	DQ201504 汇总		211	254	215	212	245	¥3,000.00	1137	227		
	总计		857	907	904	911	965	¥12,000.00	4544	909		
	各科平均成绩		100	104	106	107	112		530	106		
	各科优秀率		47%	53%	40%	60%	67%					

图 4.64 学生成绩表分类汇总效果

提示：

（1）通过单击"分级显示符号"按钮，可以折叠分级显示。单击分级显示区域的加号、减号可以显示或隐藏明细数据。加号是显示明细数据按钮，减号是隐藏明细数据按钮。

（2）在分类汇总前，通常需要排序，排序是为了便于按照类别进行汇总，如果不排序，Excel 不会自动将相同的类别归在一起后汇总，分类汇总应该是两个步骤，分类汇总应该叫"分类后汇总"。

（3）在"分类汇总"对话框中单击"全部删除"按钮就可以将分类汇总删掉。

5. 工作表数据的图表化

按照图 4.65 所示，制作一张包含所有学生成绩的三维簇状柱形图以及一张"丁波"成绩的分离型三维饼图，并在工作表中排列好两张图表的位置。

图 4.65　学生成绩表图表显示效果

1）删除多余的行和列

（1）选择"图表"工作表，单击选中第 2 行的行号"2"，则选中该行，单击"开始"选项卡→"单元格"分组→"删除"按钮，则被选中的行消失。

（2）使用同样的方法，删除"各科平均成绩"行、"各科优秀率"行以及"班级"、"奖学金金额"～"排名"列，具体效果如图 4.66 所示。

	A	B	大学英语	计算机应用基础	PLC技术及应用	单片机技术及应用	企业营销
1	电气自动化技术专业学生成绩表						
2	序号	姓名	大学英语	计算机应用基础	PLC技术及应用	单片机技术及应用	企业营销
3	1	丁波	78	82	79	84	86
4	2	杜馨	84	84	68	85	74
5	3	冯扬	84	69	69	85	70
6	4	贺鑫	70	67	58	59	73
7	5	李阳杰	82	77	93	82	83
8	6	廖川	74	85	79	77	89
9	7	林洧	85	69	83	73	80
10	8	邱山	65	59	67	70	75
11	9	晏靖	68	70	79	87	88
12	10	杨飞	58	82	83	80	79
13	11	赵明	56	78	78	79	86
14	12	刘波	53	85	68	50	82

图 4.66　学生成绩表修改效果

2）制作包含所有同学成绩的三维簇状柱形图

（1）选择 A2:G14 单元格区域，选择"插入"选项卡→"图表"分组→"柱形图"按钮→"三维簇状柱形图"命令，在"图表"工作表中将出现一张如图 4.67 所示的三维簇状柱形图。

（2）选择显示的三维簇状柱形图，单击"图表工具：设计"选项卡→"数据"分组→"切换行/列"按钮，将图中的坐标轴数据进行交换，仍然选中三维簇状柱形图，单击"图表工具：设计"选项卡→"图标布局"分组→"布局1"按钮，更改图表的布局样式，效果如图 4.68 所示。

图4.67　学生成绩三维簇状柱形图初步效果

图4.68　学生成绩三维簇状柱形图修改效果

（3）在图表区中右击"图表标题"，在弹出的快捷菜单中选择 "字体"命令，在弹出的如图4.69所示的"字体"对话框中将其设置为"黑体"，"加粗"，字号为"18"，颜色为"绿色"；双击"图表标题"，将标题更改为"电气自动化技术专业学生成绩表"。

（4）在图表区中选择"李阳杰"所对应的任意数据系列并右击，在弹出的快捷菜单中选择"添加数据标签"命令，此时图表中"李阳杰"的各门成绩所对应的数据系列都加上了数值说明。

（5）在图表区中任何区域右击，在弹出的快捷菜单中选择"三维旋转"命令，会弹出如图4.70所示的"设置图表区格式"对话框，在对话框的"边框样式"选项卡中将宽度设为5磅，在对话框的"三维旋转"选项卡中将 X 旋转设为 120°，Y 旋转设为 90°。最终效果如图4.71所示。

图 4.69 "字体"对话框

图 4.70 "设置图表区格式"对话框

图 4.71 学生成绩三维簇状柱形图最终效果

3）制作"丁波"成绩的分离型三维饼图

（1）选择 B2:G3 单元格区域，选择"插入"选项卡→"图表"分组→"饼图"按钮→"分离型三维饼图"命令，在"图表"工作表中将出现一张如图 4.72 所示的"丁波"成绩饼图。

图 4.72 "丁波"成绩分离型三维饼图初步效果

（2）选择显示的饼图，单击"设计"选项卡→"图表布局"分组→"布局 1"按钮，单击"设计"选项卡→"图表样式"分组→"样式 34"按钮，更改图表的布局样式，效果如图 4.73 所示。

图 4.73 "丁波"成绩分离型三维饼图修改效果

（3）在图表区中右击任意一门科目的数据标签，在弹出的快捷菜单中选择"设置数据标签格式"命令，在弹出的如图 4.74 所示的"设置数据标签格式"对话框中的"数字"选项卡中，设置数字类别为"百分比"，小数位数 2 位，此时图表中显示的各科所占百分比将以保留 2 位小数的形式显示。

图 4.74　"设置数据标签格式"对话框

（4）选择显示的饼图，单击"格式"选项卡→"形状样式"分组→"形状填充"按钮→"紫色，强调文字颜色4，淡色60%"，更改图表的填充样式，效果如图4.75所示。

图 4.75　"丁波"成绩分离型三维饼图最终效果

4）按要求布局

将两张图在"图表"工作表中按照如图4.65所示的样式排列好。

提示：

（1）如图4.76所示，Excel 2010向用户提供了柱形图、折线图、饼图、条形图、面积图、XY（散点图）、股价图、曲面图、圆环图、气泡图、雷达图11大类、73余种不同的内置图表集合，每种图表都包括有不同的数据、图表布局、图表样式等设置项，完全可以满足我们将工作表中的各类数据生成不同样式的图表。

图 4.76 "插入图表"对话框

（2）右击图表区中的各个图表元素，如数据系列、图例等，都会呈现相应的快捷菜单或"图表工具：设计"选项卡中的各项命令，选择相应的图表元素的格式命令，此时屏幕出现相应的图表元素的对话框，用户可以在其中选择不同值来实现不同的效果。

6. 创建 Excel 数据透视表和数据透视图

1）创建数据透视表

数据透视表能帮助用户分析、组织数据，利用它可以很快地从不同角度对数据进行分类汇总。现在使用学生成绩表完成以班级为行，分别统计"大学英语"、"计算机应用基础"和"PLC技术及应用"成绩平均值（保留1位小数）的数据透视表。

（1）激活"表格格式化"工作表，单击"插入"选项卡→"表格"分组→"数据透视表"按钮，如图 4.77 所示，弹出如图 4.78 所示的"创建数据透视表"对话框。

图 4.77 单击"数据透视表"按钮

（2）选中"选择一个表或区域"单选按钮，在"表/区域"文本框中输入"表格格式化!$B$3:$H$15"；并在"选择放置数据透视表的位置"选项区域中选中"新工作表"单选按钮，如图4.79所示。单击"确定"按钮，"学生成绩表"工作簿中产生一个新透视表Sheet2，如图4.80所示。

图 4.78　"创建数据透视表"对话框

图 4.79　"创建数据透视表"参数的设置

图 4.80　创建新透视表

（3）将"选择要添加到报表的字段"中"班级"字段拖到"行标签"，"大学英语"、"计算机应用基础"、"PLC技术及应用"字段拖到"数值"区域，如图4.81所示。

（4）单击"在以下区域间拖动字段"中"数值"区域部分的"求和项：大学英语"右边的向下按钮，选择"值字段设置"命令，在弹出如图4.82所示的对话框中设置"计算类型"为"平均值"，然后单击"数字格式"按钮，在弹出如图4.83所示的对话框中选择"分类"为"数值"，在右侧的选项中将"小数位数"设为"1"，最后单击"确定"按钮退出该对话框。用相同的方法设置科目"计算机应用基础"和"PLC技术及应用"，最后效果如图4.84所示。

图4.81　班级成绩透视表初步效果图

图4.82　"值字段设置"对话框

图4.83　"设置单元格格式"对话框

图 4.84　班级成绩透视表结果图

单击"数据透视表工具：选项"、"数据透视表工具：设计"选项卡中的各项命令可以对创建好的数据透视表进行格式化及编辑操作。

2）创建数据透视图

数据透视图也能帮助用户分析、组织数据，利用它可以很快地从不同角度对数据进行分类汇总。利用已创建的数据透视表创建数据透视图。

选中创建好的数据透视表，单击"数据透视表工具：选项"选项卡→"工具"分组→"数据透视图"按钮，弹出如图 4.85 所示的"插入图表"对话框，选择"带数据标记的折线图"，单击"确定"按钮退出，此时数据透视图创建成功，效果如图 4.86 所示。

图 4.85　"插入图表"对话框

图4.86 班级成绩透视图效果

单击"数据透视图工具：设计"选项卡、"数据透视图工具：布局"选项卡、"数据透视图工具：格式"选项卡、"数据透视图工具：分析"选项卡中的各项命令可以对创建好的数据透视图进行格式化及编辑操作。

7. 结束本任务操作

保存操作完成后的结果，然后使用 Windows 操作系统中关闭窗口的方法，结束 Excel 的运行，退出 Excel 应用程序。

综合练习题

按图 4.87 所示完成"小孩教育基金计算"工作表。

打开"小孩教育基金计算"工作簿完成以下操作。

1. 表格的基本操作

（1）将"Sheet1"标签重命名为"孩童教育基金"，并隐藏工作表"Sheet2"和"Sheet3"。

（2）插入图片"宝宝.jpg"，设置图片样式为"柔滑边缘矩形"，并按效果图 4.87 进行布局。

（3）用"自定义序列"的方式填充 I7：I11 区域。"自定义序列"对话框如图 4.88 所示。

图 4.87 "小孩教育基金计算"工作表效果

图 4.88 "自定义序列"对话框

2. 表格的公式使用

（1）按照表中给出的"学费年均涨幅"以及各类别教育的"第一学年学费金额"，在 J3：J24 区域中计算出每学年的学费。（提示：学费年均涨幅为 0.08，即后一年的学费为前一年的 1+0.08=1.08 倍）

（2）依据 I2：J24 区域中计算出的数据，利用 COUNTA 函数计算出 D17：D23 区域中每个小孩的栽培年数，利用 SUM 函数计算出 E17：E23 区域中每个小孩的总计学费。

（3）在 F17：F23 中计算出每个小孩每年所需的平均学费。

3．表格的格式设置

（1）将标题"小孩教育基金计算"变为如图 4.89 所示的艺术字"渐变填充-强调文字颜色 6，内部阴影"的样式，字体设置为"方正舒体"、"28 号"、"加粗"，并布局到原来位置。

图 4.89　艺术字"渐变填充-强调文字颜色 6，内部阴影"样式

（2）将 A5:B5 区域中的单元格设置为"合并后居中"，字体为"楷体"；C5 单元格中的数据设置为百分比显示，并为其添加批注，批注内容为"请输入资料"，最后为 A5：C5 区域添加"橙色"、"细实线"样式的内外边框。

（3）将 A7:D13 区域的字体为"楷体"，对齐方式设为"分散对齐（缩进）"，为区域内添加"蓝色"、"细实线"样式的内外边框。设置 A7:D7 区域中的字体颜色为"白色"，背景颜色为"浅绿"。设置 B8:B13 区域中的字体颜色为"绿色"，背景颜色为"水绿色，强调文字颜色 5，淡色 80%"。设置 D8:D13 区域中的字体颜色为"紫色"，背景颜色为"水绿色，强调文字颜色 5，淡色 60%"，字形为"倾斜"，数字样式设为"货币样式"（小数位数为 0）。

（4）选择 A16:F23 区域，设置其内外边框样式"蓝色"、"双线"。设置 A16：F16 区域中的单元格对齐方式为"居中"，字体颜色为"深红色"，背景颜色为"浅绿"到"白色"由上至下的渐变填充效果。设置 A17:C23 区域中的单元格对齐方式为"靠右"，字体为"楷体"、"加粗"，字体颜色为"绿色"，背景颜色为"水绿色，强调文字颜色 5，淡色 80%"。设置 D17：D23 区域中的单元格显示为"0 '年'"的数字样式，如图 4.90 所示。设置 E17:F23 区域中的单元格显示为"千位分隔样式"，并利用如图 4.91 所示条件格式，用"红-黄-绿色阶"表示每年所需平均学费的高低。

图 4.90 自定义"0 '年'"数字样式

图 4.91 "红-黄-绿色阶"条件格式选项

（5）选择 I2:J24 区域，利用"套用表格格式"，设置其为"表样式中等深浅 3"，并对 J3:J24 区域设置条件格式，用"蓝色数据条"表示学费的高低。

4．表格的数据管理

（1）对 A16:F23 区域内的单元格数据进行高级筛选，筛选出栽培至研究生并且总年数小于等于 20 的数据行，要求条件放在 I27:J28 处，结果复制从 I30 开始。

（2）将 7 个小孩教育总学费绘制一个簇状柱形图，图表布局选择"图表布局 5"，并删除"图表标题"和"坐标轴标题"，图表样式选择"样式 26"，坐标轴数据的字体颜色选择"白色"，数据表边框也设为"白色"，绘图区及图表区的背景色均设为"黑色"，最后按效果图 4.87 进行布局。

项目 5

演示文稿软件 PowerPoint

Microsoft PowerPoint 是 Microsoft Office 应用程序套件的重要组成部分，是集文字、图形、声音、动画于一体的专门制作演示文稿的多媒体软件，并且可以生成网页。使用 PowerPoint 2010 可制作出图文并茂、色彩丰富、表现力和感染力极强的幻灯片。

本项目主要内容

- 创建新演示文稿、插入新幻灯片、选择幻灯片版式
- 插入、编辑和修饰文本框
- 插入和修改项目符号、插入剪贴画
- 设置幻灯片的主题、背景和添加页眉和页脚
- 插入表格、艺术字、图片和音乐
- 插入超链接和动作按钮
- 设置幻灯片切换和自定义动画

任务 1　创建"我的世界"演示文稿

实训目的

（1）学习创建新演示文稿、插入新幻灯片、选择幻灯片版式。
（2）掌握插入和编辑文本框的方法。
（3）学会插入和修改项目符号、插入剪贴画。
（4）熟练设置幻灯片的主题、背景和添加页眉、页脚。

实训要求

以"我的世界"为题建立演示文稿，对自己进行简单介绍，内容包含"基本信息"、"学习

经历"、"我的学校"、"个人爱好"、"我的理想"和"人生格言"。演示文稿中的幻灯片必须文字内容活泼，版式多样，图文并茂，要用到文本框、项目符号、剪贴画，并且设置幻灯片背景及添加页眉页脚。其效果如图5.1所示。

图5.1　总体效果图

1. 启动 PowerPoint 应用程序

执行"开始"→"所有程序"→"Microsoft Office"→"Microsoft PowerPoint 2010"命令，打开 PowerPoint 应用程序窗口，如图5.2所示。

图5.2　启动 PowerPoint 应用程序

提示：

也可以采用以下方法启动 PowerPoint 应用程序。

（1）利用快捷图标启动 PowerPoint 应用程序。如果在桌面上建立有 PowerPoint 的快捷方式图标，双击该图标也可以启动 PowerPoint。

（2）通过打开 PowerPoint 文档启动 PowerPoint。利用"资源管理器"或"计算机"找到要打开的 PowerPoint 文档，双击该 PowerPoint 文档图标，或右击该图标，从弹出的快捷菜单中执行"打开"命令，也可以启动 PowerPoint，同时打开此文档。

2．创建演示文稿

1）新建并保存名为"我的世界"的演示文稿

（1）启动 PowerPoint，系统自动打开一个文件名为"演示文稿1"的演示文稿文件，演示文稿中默认有一张幻灯片，如图 5.3 所示。

图 5.3　PowerPoint 界面

提示：

也可以采用以下方法新建 PowerPoint 文档。

（1）选择"文件"选项卡→"新建"选项，选择"空白文档"，单击"创建"按钮。

（2）单击"快速访问工具栏"中的"新建"按钮，或按 Ctrl+N 组合键，新建一个默认的空白文档。

（2）选择"文件"选项卡→"保存"命令，或者单击"快速访问工具栏"→" 🖫 "按钮，弹出如图 5.4 所示的"另存为"对话框。

在 PowerPoint 中，文档默认保存的位置是在"文档库"中，单击"导航窗格"选择"计算机"组中的"本地磁盘 C："，将文档存放在 C 盘的根文件夹下。

图5.4 "另存为"对话框

在"文件名"列表框中,将保存的文档名改为"我的世界(XXX).pptx"。(注意:这里的"XXX"要替换为你自己的汉字姓名)

单击"保存"按钮,即把刚才输入的内容使用指定的文件名保存了。

2)输入标题内容并设置格式

(1)单击第1张幻灯片上的第一个文本框"单击此处添加标题",输入演示文稿的主题文字"我的世界"。

(2)将鼠标移动到文本框的边框上,当鼠标变成移动箭头形状(✥)时单击鼠标左键选中该文本框,单击"开始"选项卡→"字体"分组,设置文本框内所有文本的文字格式:华文彩云(字体)、96磅(字号)、加粗(B),单击"字体颜色"按钮右边的下拉箭头,在弹出的列表中选择"标准色"→"红色",如图5.5所示,其效果如图5.6所示。

图5.5 选择字体颜色

图5.6 设置文本框格式后的效果

(3)用同样的方法在幻灯片内第二个文本框中输入"海阔凭鱼跃,天高任鸟飞。",然后选择文本,设置文字格式:方正舒体(字体)、36磅(字号)、加粗(B)、蓝色(字体颜色,标准色)。

（4）选中文本框，按住鼠标左键拖动，调整其位置，使两个文本框在幻灯片上的摆放位置更合理、大方。

最后的效果如图5.7所示。

图5.7 第1张幻灯片效果图

提示：

选中文本框设置的文字格式将适用该文本框内所有的文本信息，如果要设置文本框内部分文本的文字格式，可以先选定这些文本，然后再设置文字格式。

3. 设置幻灯片格式

一个丰富的演示文稿文件不仅仅只包含一张幻灯片，这就需要插入新的幻灯片，在不同的幻灯片上加入精彩内容。

1）插入新幻灯片

单击"开始"选项卡→"幻灯片"分组→"新建幻灯片"按钮，就在演示文稿中插入了一张默认版式（标题和内容）的幻灯片，如图5.8所示。

图5.8 插入新幻灯片

提示：

单击"新建幻灯片"按钮右边的下拉箭头，可选择插入一页带版式的幻灯片；也可插入幻灯片后，单击"版式"按钮，选择所需的版式进行修改。

单击第2张幻灯片中的第一个文本框"单击此处添加标题"，输入"阅读提示"，并设置文字格式：华文行楷（字体）、60 磅（字号）、加粗（B）、阴影（S），单击"字体颜色"按钮右边的下拉箭头，在弹出的列表中选择"其他颜色"→"标准"→"紫色"。

单击"开始"选项卡→"绘图"分组的功能扩展按钮，在"设置形状格式"对话框中选择"填充"→"纯色填充"，"填充颜色"选择"紫色，强调文字颜色 4，淡色 80%"，如图 5.9 所示。

图 5.9　设置字体颜色和文本框填充色

2）设置项目符号

（1）在第二个文本框中输入六行文字"基本信息、学习经历、我的学校、个人爱好、我的理想、人生格言"（每行输入完毕后按 Enter 键进入下一行），并设置文字格式：华文新魏（字体）、40（字号），然后选中文本框中的所有文字，单击"开始"选项卡→"段落"分组→"项目符号"按钮旁的箭头，选择"项目符号和编号"，如图 5.10 所示。

图 5.10　选择项目符号

（2）在"项目符号和编号"对话框中单击"图片"按钮，在弹出的"图片项目符号"对话框中，拖动右侧的滚动条，在列表中选择一种图片项目符号，如图 5.11 所示。

将鼠标移动到第二个文本框的一个控制点上，当鼠标变成双向箭头（ ）时，按住左键拖动，使文本框大小与文本内容空间大小合适，并移动文本框，使其摆放位置合理、大方。

图 5.11　设置项目符号

3）插入剪贴画

（1）单击"插入"选项卡→"图像"分组→"剪贴画"按钮，窗口右侧出现"剪贴画"任务窗格，单击"搜索"按钮，在搜索显示出的图片中选择一副你所喜欢的图片，单击该图片，或单击该图片右侧的下拉箭头按钮，在弹出的快捷菜单中选择"插入"命令，则在幻灯片中插入了你所选择的图片，如图 5.12 所示。

图 5.12　插入剪贴画

（2）将鼠标移动到剪贴画边角上的控制点上，当鼠标变成双向箭头（ ）时，按住左键拖动，调整剪贴画大小，其效果如图 5.13 所示。

基本信息
学习经历
我的学校
个人爱好
我的理想
人生格言

图 5.13　插入剪贴画后的效果

4）设置幻灯片版式

（1）单击"开始"选项卡→"幻灯片"分组→"新建幻灯片"按钮右边的下拉箭头，在"Office主题"对话框中选择"两栏内容"版式。

用同样的方法输入并修饰第 3 张幻灯片"基本信息"的内容。在第一个文本框里输入"基本信息"，设置文字格式：华文行楷、60 磅、加粗、阴影、紫色。选择"格式"选项卡→"形状样式"分组→"形状填充"按钮，从选项中选择"其他填充颜色"，在"颜色"对话框中选择"自定义"选项卡，设置淡紫色 RGB（204,153,255），如图 5.14 所示。

图 5.14　设置背景颜色

在左边栏中单击"插入来自文件的图片"按钮，如图 5.15 所示。从插入图片对话框中选择照片插入。

在第二个文本框内输入相应信息，设置文字格式：方正姚体、32 磅、加粗。设置项目符号，再调整照片和文本框的位置，其效果如图 5.16 所示。

基本信息

- 单击此处添加文本
- 单击此处添加文本

插入来自文件的图片

图 5.15　选择"插入来自文件的图片"

基本信息

✳ 姓名：XXX
✳ 性别：女
✳ 年龄：19
✳ 身高：160cm
✳ 体重：50kg
✳ 星座：天蝎
✳ 血型：A型

图 5.16　第 3 张幻灯片效果

（2）插入新幻灯片，在第一个文本框中输入并修饰"个人爱好"的标题（格式设置同第 3 张幻灯片）。在第二个文本框内输入并修饰文本内容（楷体、32 磅、加粗、蓝色）及项目符号。

（3）再次插入新幻灯片，在"Office 主题"中选择"标题和竖排文字"。在第一个文本框中输入并修饰"我的理想"的标题。在第二个文本框内输入并修饰文本内容（楷体、32 磅、加粗、蓝色）及项目符号。

第 4 张、第 5 张幻灯片的效果如图 5.17 所示。

个人爱好

- 最喜欢的颜色：粉色
- 最喜欢的花：玫瑰
- 最喜欢的动物：兔子
- 最喜欢的书：《生命中不能承受之轻》
- 最喜欢的歌手：刘若英
- 最喜欢的季节：春季
- 最喜欢的运动：羽毛球

我的理想

"Just Do My Best"。

对于未来，曾经有过许多许多设想。
而如今，似乎那些希望经完全都已了现实。
只把美好现在所能做好的一切。
过去的已经过去，而未来还在远方。
抓紧现在所能抓住的一切机遇与挑战。
改变，或许从现在就已经开始。

图 5.17　第 4 张、第 5 张幻灯片效果

5）插入文本框

（1）插入新幻灯片，在"Office 主题"中选择"仅标题"。在标题文本框中输入"人生格言"，并修饰文本内容。

（2）单击"插入"选项卡→"文本"分组→"文本框"按钮（📝），然后在幻灯片的空白区域用鼠标拖出一个文本框，输入并修饰文本中的内容（楷体、24 磅、加粗、蓝色）。

（3）单击"插入"选项卡→"文本"分组→"文本框"按钮下边的下拉箭头，选择"垂直文本框"（📄 垂直文本框(V)），然后在幻灯片左右侧的空白区域用鼠标各拖出一个垂直文本框，分别输入"路漫漫其修远兮"，"吾将上下而求索"。设置文本格式：隶书、48 磅、加粗、阴影。单击"格式"选项卡→"形状样式"分组→"形状填充"按钮，从"标准色"里选择"红色"，设置文本框填充色；单击"格式"选项卡→"形状样式"分组→"形状轮廓"按钮，从"标准色"里选择"蓝色"，从"粗细"里选择"3 磅"，设置文本框边框线条；在文本框

框线上单击鼠标右键，从弹出的快捷菜单中选择"大小和位置"，设置文本框高度为12.5厘米，宽度为2.6厘米，垂直位置为4.9厘米，如图5.18所示。第6页幻灯片最终效果如图5.19所示。

图5.18　设置文本框大小和位置

图5.19　第6张幻灯片效果

提示：

单击"开始"选项卡→"幻灯片"分组→"新建幻灯片"按钮右边的下拉箭头，在"Office主题"对话框中选择"复制所选幻灯片"，可以在演示文稿中插入与当前幻灯片一样的新幻灯片。

在"幻灯片区"选中要复制的幻灯片，单击鼠标右键，从弹出的快捷菜单中选择"复制幻灯片"命令也可达到同样效果。

注意：

（1）如果要删除多余的幻灯片，可以在"幻灯片区"选择要删除的幻灯片，单击鼠标右键，在弹出的快捷菜单中选择"删除幻灯片"命令即可，或者按 Delete 键删除。

（2）如果要调整演示文稿中幻灯片的排列顺序，可以选中"幻灯片区"要调整的幻灯片，按住鼠标左键拖动，将其拖放到新的位置即可。

4. 设置幻灯片背景

1）设置幻灯片主题

幻灯片主题是将设置好的颜色、字体和背景效果整合到一起，主题可应用于单张幻灯片，也可应用于所有幻灯片。

单击"幻灯片/大纲"窗格中的第 1 张幻灯片，即让第 1 张幻灯片显示在幻灯片编辑区中，单击"设计"选项卡→"主题"分组，单击"主题"功能区右侧的向下箭头，选择第三行第一个主题"时装设计"，右击该主题形式，从弹出的快捷菜单中选择"应用于选定幻灯片"，如图 5.20 所示。设置主题前后对比如图 5.21 所示。

图 5.20　设置主题

图 5.21　设置主题前后对比图

2）设置幻灯片背景

给幻灯片添加背景，能给主题增添浓厚的氛围环境，可以让幻灯片演示效果更好。

（1）选中第 2 张幻灯片，单击"设计"选项卡→"背景"分组的功能扩展按钮，打开"设置背景格式"对话框，"填充"选项里选择"纯色填充"，"填充颜色"设置为"红色，强调文字颜色 2，淡色 60%"，如图 5.22 所示。设置背景后的效果如图 5.23 所示。

（2）选中第 3 张幻灯片，在"设置背景格式"对话框的"填充"选项卡中，选择"渐变填充"，单击"预设颜色"右边的下拉箭头，选择第四行第二列的"彩虹出岫 II"，"方向"选择第二行第一列的"线性对角，左下到右上"，如图 5.24 所示。

图 5.22　设置背景格式

图 5.23　设置背景后的效果

图 5.24　为幻灯片设置渐变填充背景

（3）选中第 4 张幻灯片，在"设置背景格式"对话框的"填充"选项卡中，选择"图片或纹理填充"，单击"纹理"右边的下拉箭头，选择第五行第三列的"栎木，如图 5.25 所示。

（4）选中第 5 张幻灯片，在"设置背景格式"对话框的"填充"选项卡中，选择"图片或纹理填充"，单击"插入自文件"按钮，从"插入图片"对话框中选择自己喜欢的背景图片，单击"插入"按钮即可，如图 5.26 所示。

第 3 张和第 4 张幻灯片设置背景后的效果如图 5.27 所示。

（5）选中第 6 张幻灯片，在"设置背景格式"对话框的"填充"选项卡中，选择"图案填充"，设置"背景色"为"橙色，强调文字颜色 6，淡色 40%"，"图案填充"里选择第三行第七列的"点式菱形"，如图 5.28 所示。

图 5.25　为幻灯片设置纹理填充背景　　　　图 5.26　为幻灯片设置图片背景

图 5.27　第 3 张、第 4 张幻灯片效果

图 5.28　为幻灯片设置图案填充背景

第 5 张和第 6 张幻灯片设置背景后的效果如图 5.29 所示。

图 5.29　第5张、第6张幻灯片效果图

3）设置页眉页脚

单击"插入"选项卡→"文本"分组→"页眉和页脚"按钮，打开"页眉和页脚"对话框，在"幻灯片包含内容"里选中"日期和时间"和"页脚"复选框，在"日期和时间"选项里选择"自动更新"，在"页脚"文本框中输入"中国 XX 大学"，如图 5.30 所示，最后单击"全部应用"按钮。

图 5.30　设置页眉页脚

提示：

如果需要将演示文稿中所有的幻灯片设置相同的背景效果，则可以单击 "设置背景格式" 对话框中的 "全部应用" 按钮。

任务2　美化"我的世界"

➡ 实训目的

（1）熟悉插入艺术字和图片的方法。

（2）掌握插入表格的方法。

（3）学会在幻灯片中插入音乐。

（4）熟练掌握插入超链接、动作按钮的方法。

（5）熟练掌握幻灯片设置及自定义动画的方法。

（6）熟悉设置幻灯片放映方式。

实训要求

继续完善"我的世界"，在幻灯片中添加表格、图片、艺术字、背景音乐等，设置超链接、动作按钮及自定义动画，使幻灯片更有动感，更富有活力。其效果如图 5.31 所示。

图 5.31　"我的世界"最终效果

1. 插入表格、艺术字和图片

1）插入表格

在幻灯片中也可以插入表格，并对表格进行格式设置。

（1）打开《我的世界》演示文稿，在第 3 张幻灯片后插入 1 张新幻灯片，使用"仅标题"版式，并设置标题"学习经历"（华文行楷、60 磅、加粗、阴影、紫色字体颜色、浅紫色背景颜色）。

（2）单击"插入"选项卡→"表格"分组→"表格"按钮，可以从框格中选择 2×5 表格，或者选择"插入表格"选项，在打开的"插入表格"对话框中设置 "列数"为"2"，"行数"为"5"，如图 5.32 所示。

图 5.32　插入表格

（3）单击"表格工具：设计"选项卡→"表格样式"分组中选择"中度样式 2-强调 6"样式，如图 5.33 所示。

图 5.33　设置表格样式

选中表格，单击"表格工具：设计"选项卡→"表格样式"分组→"底纹"按钮，设置为"无填充颜色"。单击"表格工具：设计"选项卡→"绘图边框"分组，把"笔样式"设置为"虚线"，"笔画粗细"设置为"1.0 磅"，"笔颜色"设置为"橙色，强调文字颜色 6，深色 25%"。然后单击"表格工具：设计"选项卡→"表格样式"分组→"边框"按钮，选择"内部框线"，如图 5.34 所示。

图 5.34　设置表格底纹和内部框线

单击"表格工具：设计"选项卡→"绘图边框"分组，把"笔样式"设置为"实线"，"笔画粗细"设置为"4.5 磅"，"笔颜色"设置为"橙色，强调文字颜色 6，深色 50%"。然后单击"表格工具：设计"选项卡→"表格样式"分组→"边框"按钮，选择"外侧框线"。

将鼠标移动到表格边框上，调整表格的大小和位置，使幻灯片显得美观大方。

（4）选中表格第一行，输入文字，设置字体格式为"黑体"，40 磅，加粗，黑色。单击"表格工具：布局"选项卡→"对齐方式"分组，设置为"居中"和"垂直居中"，如图 5.35 所示。

选中表格第 2 至 5 行，输入文字，设置字体格式为"方正姚体"，40 磅，加粗。单击"表格工具：布局"选项卡→"对齐方式"分组，设置为 "垂直居中"。

图 5.35　设置表格文本对齐方式

将鼠标移动到表格边框上，当鼠标变成上下箭头（ ⇕ ）时，按住鼠标左键拖动，调整合适的行高；当鼠标变成左右箭头（ ↔ ）时，按住鼠标左键拖动，调整合适的列宽。其效果如图 5.36 所示。

（5）设置背景。选择一幅图片作为此幻灯片的背景，其效果如图 5.37 所示。

图 5.36　最后的表格效果　　　　　图 5.37　幻灯片最终效果

提示：

在 PowerPoint 中插入的表格中，可以插入行，却不能插入列，也不能拆分单元格。

2）插入艺术字

（1）在第 4 张幻灯片后插入一张新的幻灯片，版式选择"空白"。

（2）单击"插入"选项卡→"文本"分组→"艺术字"按钮，在弹出的"艺术字样式"中选择一种样式，在幻灯片中自动生成一个文本框（请在此放置您的文字），在框内输入文字"我的学校"，设置文字格式：华文行楷、60 磅，加粗，阴影，紫色。

（3）单击"格式"选项卡→"艺术字"分组→"文本效果"按钮，在弹出的选项中选择"发光"→"发光变体"里选择"紫色，18pt 发光，强调文字颜色 4"，如图 5.38 所示。

3）插入图片

在幻灯片中插入图片，可以使幻灯片内容更丰富多样、缤纷有趣。

（1）单击"插入"选项卡→"图像"分组→"图片"按钮，弹出"插入图片"对话框，找到需要插入的图片所在的文件目录，选择图片文件，如图 5.39 所示，最后单击"插入"按钮。

图 5.38　设置艺术字效果

图 5.39　"插入图片"对话框

（2）将鼠标移到图片四周的控制点上，当鼠标变成双向拖动箭头（ ）时，按住鼠标左键拖动调整图片大小，然后单击图片，当鼠标变成移动标志（ ）时按住鼠标左键拖动，调整图片的位置。

（3）同样的方法再插入其他图片，并调整图片的位置。

（4）设置幻灯片的背景，选择"设置背景格式"中的"图片或纹理填充"→"纹理"→"粉色面巾纸"。

最后的图片效果如图 5.40 所示。

提示：

在 PowerPoint 中插入图片和设置图片格式的方法与 Word 基本相同，但是在 PowerPoint

中插入的图片直接就可以随意调整位置，而在 Word 中，要先设置图片的文字环绕方式，随后才可以移动图片的位置。

图 5.40　插入的图片效果

2. 动作设置

1）建立超链接

插入超链接，可以在放映幻灯片时，自由地在不同幻灯片之间进行切换。

（1）单击"幻灯片区"的第 2 张幻灯片，选中文本框中的第一行文字"基本信息"，单击"插入"选项卡→"链接"分组→"超链接"按钮，在弹出的"插入超链接"对话框中，单击"链接到"列表中的"本文档中的位置"，在"请选择文档中的位置"列表中选中"幻灯片标题"目录下的"基本信息"选项，如图 5.41 所示。设置将其链接到本文档中的第 3 张幻灯片。

（2）用同样的方法设置第 2～6 行文字分别链接到第 4～8 张幻灯片。

设置超链接后的文本下加了下划线，如图 5.42 所示。

图 5.41　设置超链接对象

图 5.42　建立超链接前后文本对比

2）设置动作按钮

（1）选择第 3 张幻灯片，设置动作按钮。单击"插入"选项卡→"插图"分组→"形状"按钮，选择"圆角矩形"，用鼠标在幻灯片上划出一个圆角矩形，在此矩形上右击，在弹出的对话框中选择"编辑文字"，输入"阅读提示"，设置文字格式，调整矩形大小位置。单击"格式"选项卡→"形状样式"分组，对矩形进行设置。选中该矩形，单击"插入"选项卡→"链接"分组→"动作"按钮，在弹出的"动作设置"对话框中选择"超链接到（H）："→"幻灯片"。从"超链接到幻灯片"对话框里选择"阅读提示"，如图 5.43 所示。

图 5.43　设置动作按钮

（2）用同样的方式设置"学习经历"、"我的学校"、"个人爱好"、"我的理想"、"人生格言"几个动作按钮。其效果如图 5.44 所示。

图 5.44 设置动作按钮之后的幻灯片

（3）单击"幻灯片放映"选项卡→"开始放映幻灯片"分组→"从头开始"按钮，放映观看幻灯片。单击第 2 张幻灯片"阅读提示"中的选项，鼠标变成手形 🖑 单击，可以切换到相应详细内容的幻灯片，鼠标移到"基本信息"中的动作按钮，可以快速切换到其他幻灯片，或返回"阅读提示"。

提示：

（1）超链接的对象可以是文本框、文本框中的部分文本、图片、图形，超链接到的对象可以是幻灯片、演示文稿、自定义放映、其他程序和电子邮件地址等。

（2）为文本框中的文本设置超链接，文本会添加下划线，但是为文本框设置超链接是不会出现下划线的。

3）设置幻灯片切换

选中第 1 张幻灯片，单击"切换"选项卡→"切换到此幻灯片"分组→"分割"按钮，使幻灯片以"分割"的方式进行切换，在"计时"分组里把"声音"设置为"风铃"，"持续时间"设置为"2秒"，把"设置自动换片时间"设置为"3秒"，如图 5.45 所示。

图 5.45 设置幻灯片切换

单击第 2 张幻灯片，单击"切换"选项卡→"切换到此幻灯片"分组→"涟漪"按钮，在"计时"分组里把"声音"设置为"照相机"。

以同样的方式设置其他幻灯片的切换方式。

4）设置自定义动画

在幻灯片中设置自定义动画，可以让幻灯片更加活泼、风采飞扬。

（1）选择第 1 张幻灯片中"我的世界"，单击"动画"选项卡→"动画"分组→"飞入"按钮，单击"效果选项"按钮，选择"方向：自底部"，如图 5.46 所示。

（2）以同样的方式设置"海阔凭鱼跃，天高任鸟飞"的动画为"缩放"。

其他几张幻灯片也可以根据自己的喜好进行设置。

图 5.46 设置自定义动画

3. 设置背景音乐

单击第 1 张幻灯片，单击"插入"选项卡→"媒体"分组→"音频"按钮，从"插入音频"对话框中选择自己喜爱的音乐文件，然后单击"确定"按钮。这时，页面上出现一个" "图标，单击该图标，选择"播放"选项卡→"音频选项"分组，选中"放映时隐藏"和"循环播放，直到停止"复选框，并设置"自动开始"。单击"动画"选项卡→"动画"分组右下角的功能扩展按钮，打开"播放音频"对话框，设置"开始播放"为"从头开始"，"停止播放"为"在 10 张幻灯片之后"，如图 5.47 所示。单击"动画"选项卡→"计时"分组→"对动画重新排序：向前移动"按钮，直到该按钮变为灰色。（声音图标可以移动到本页面任意位置）

图 5.47 设置声音选项

4. 设置幻灯片放映方式

单击"幻灯片放映"选项卡→"设置"分组→"设置幻灯片放映"按钮，打开"设置放映方式"对话框，设置"放映类型"为"演讲者放映"，在"放映选项"中，选中"循环放映，按 ESC 键终止"复选框，如图 5.48 所示。

单击"幻灯片放映"选项卡→"开始放映幻灯片"分组→"从头开始"按钮，放映观看幻灯片。

图 5.48　设置幻灯片放映方式

综合练习题

新建一演示文稿，命名为"毕业．pptx"。发挥你们充分的想象力，把你们心中的感悟用最美好的文字和图片展现出来，并按照下列要求完成对此文稿的修饰并保存。

1．设置幻灯片的设计主题为"波形"。

2．在第二张幻灯片中设置背景格式，在渐变填充项中，预设颜色为"茵茵绿原"，类型为"射线"，隐藏背景图形。

3．在所有幻灯片页脚位置插入幻灯片编号和可自动更新的日期，日期格式为"××××/××/××"。

4．在第一张幻灯片中插入一张图片，并设置如下内容：

（1）设置标题的动画样式为"劈裂，中央向左右展开"；图片的动画效果为"自底部飞入"。

（2）设置标题"我们毕业啦！"：颜色为"红色 RGB（255，0，0）"，字体为"华文彩云"，字号为"60"。

5．设置所有幻灯片的切换方式为"自左侧擦除"，换片方式为"自动换片间隔 2 秒"，取消"单击鼠标时"复选框。

项目 *6*

计算机网络与安全

随着计算机的普及，计算机网络逐渐应用在各种工作环境中。计算机网络是通过一定的连接媒介和连接设备以及相应的计算机硬件系统和软件系统，将相同地域或不同地域的多台计算机连接在一起形成的综合系统。它的主要功能是为了实现资源共享和信息交换。

➡ 本项目主要内容

📖 网络基本命令
📖 使用浏览器
📖 HTML 制作网页

任务 网络的使用

➡ 实训目的

（1）掌握使用网络基本测试命令。
（2）掌握修改 IP 地址的方法。
（3）掌握使用 Internet Explorer 浏览器上网的方法。
（4）掌握收藏网页的方法。
（5）掌握修改 Internet Explorer 浏览器默认主页的方法。
（6）掌握 HTML 制作简单网页的方法。
（7）掌握常见的标记语言。

➡ 实训要求

（1）正确使用网络基本测试命令。
（2）能修改 IP 地址。
（3）能使用 IE 浏览器浏览网站并保存网页信息和收藏网页。

（4）正确设置 IE 浏览器默认主页。

（5）正确掌握 HTML 语言制作网页的方法。

（6）正确掌握几个常见标记语言。

1. 使用网络基本命令

1）启动命令提示符程序

执行"开始"菜单→"所有程序"→"附件"→"命令提示符"命令，启动命令提示符程序。

提示：

也可以采用以下方法启动命令提示符程序。

（1）单击"开始"菜单，在"搜索程序和文件"文本框里输入"cmd.exe"后按 Enter 键确认。

（2）按 Win 键+R 键，打开"运行"对话框，在打开文本框里输入"cmd.exe"后单击"确定"按钮。

2）使用 ping 命令

在命令提示符光标闪烁处输入"ping"命令后按 Enter 键确认，可以看到 ping 命令的用法和参数的详细说明。

在命令提示符光标闪烁处输入"ping 空格 127.0.0.1"命令后按 Enter 键确认，可以检查本地的 TCP/IP 协议有没有设置好。

提示：

ping 是 Windows 下的一个命令，也属于一个通信协议，是 TCP/IP 协议的一部分。利用"ping"命令可以检查网络是否连通，并帮助我们分析和判定网络故障。应用格式为：ping 空格 IP 地址。

ping 本机 IP 地址，可以检查本机的 IP 地址是否设置有误；ping 本网的网关地址或本网 IP 地址，可以检查硬件设备是否有问题，也可以检查本机与本地网络连接是否正常；ping 本地 DNS 地址，可以检查本地 DNS 服务器是否工作正常；ping 远程 IP 地址，可以检查本网或本机与外部的连接是否正常。

3）使用 ipconfig 命令

在命令提示符光标闪烁处输入"ipconfig"命令后按 Enter 键确认，可以看到本机每个已经配置了的网络接口的 IP 地址、子网掩码和默认网关值。

在命令提示符光标闪烁处输入"ipconfig －all"命令后按 Enter 键确认，可以更详细地显示机器的网络信息。

2. IP 地址的设置

1）打开"本地连接属性"对话框

单击"开始"菜单→"控制面板"→"查看网络状态和任务"→左边的"更改适配器设置"，打开了"本地连接属性"对话框，如图 6.1 所示。

在"本地连接 属性"对话框的"网络"选项卡中选择"Internet 协议版本 4 （TCP/IPv4）"后单击"属性"按钮，打开了"Internet 协议版本 4 （TCP/IPv4）属性"对话框，如图 6.2 所示。

图 6.1 "本地连接 属性"对话框

图 6.2 "Internet 协议版本 4 （TCP/IPv4）属性"对话框

2）设置 IP 地址

IP 地址的设置有两种方法，一种是自动获取，一种是手动设置。下面在"Internet 协议版本 4（TCP/IPv4）属性"对话框中进行如下设置。

（1）记下当前原始的 IP 地址设置。

（2）选中"使用下面的 IP 地址"单选按钮，将"IP 地址"设置成"192.168.168.1××（××是你的学号后两位）"，"子网掩码"设置成"255.255.255.0"，"默认网关"设置成"192.168.168.1"。

（3）选中"使用下面的 DNS 服务器地址"单选按钮，将"首选 DNS 服务器"设置成"61.139.2.69"，"备用 DNS 服务器"设置成"8.8.8.8"。

（4）设置完成后，单击"确定"按钮。

（5）用 ipconfig 命令检查设置是否生效。

（6）恢复最初的设置。

3. 使用 IE 浏览器

1）启动浏览器

执行"开始"菜单→"所有程序"→"Internet Explorer"命令，启动 Internet Explorer 浏览器（简称 IE 浏览器）程序。

提示：

也可以利用桌面快捷图标启动浏览器。在桌面上双击 IE 浏览器图标，即可启动 IE 浏览器。

2）浏览网页

在 IE 浏览器的地址栏里输入网址"www.cdtc.edu.cn"，然后按 Enter 键确认，即可打开成都纺织高等专科学校的首页，如图 6.3 所示。

图 6.3 成都纺织高等专科学校首页

提示：

浏览完网页后，可以按 Ctrl+W 键关闭当前打开的选项卡。

3）保存网页

（1）在 IE 浏览器打开新浪网首页，等网页内容完全显示以后，单击"文件"菜单，选择"另存为"命令，在弹出的"保存网页"对话框中选择文档保存位置，并输入文件名，选择"保存类型"为"网页，全部（*.htm;*.html）"，如图 6.4 所示。

（2）单击"保存"按钮。网页保存操作完成后，在"我的文档"文件夹会生成一个"新浪首页_files"文件夹和"新浪首页.htm"文件。

图 6.4　"保存网页"对话框

4）收藏网页

（1）在 IE 浏览器打开百度首页。

（2）单击浏览器右上角的"五角星"图标，或者选择"收藏夹"→"添加到收藏夹"命令后，弹出"添加收藏"对话框，如图 6.5 所示。

图 6.5　"添加收藏"对话框

（3）在"名称"文本框中显示了当前网页的名称，可以给它重新命名。如果要选择主页的收藏位置，可单击"新建文件夹"按钮，弹出"创建文件夹"对话框，在该对话框中可以创建新的文件夹。输入名称和创建位置后，单击"添加"按钮，即可将百度首页添加到收藏夹中。

（4）单击 IE 浏览器窗口上的 ✖ 按钮，关闭 IE 浏览器。

再使用 IE 浏览器浏览网页时，打开"收藏夹"菜单或单击"收藏"按钮，就可以从中选择要浏览的网页。

5）设置主页

打开如图 6.6 所示的"Internet 选项"对话框的"常规"选项卡，在"主页"文本框里输入成都纺织高等专科学校的网站地址后，单击"确定"按钮。该设置成功后，下一次打开 IE 浏览器，设置的主页会在第一时间被打开。

图 6.6   "Internet 选项"对话框

4．制作网页

1）HTML 简介

HTML（Hyper Text Markup Language）即超文本标记语言，是目前网络上应用最为广泛的语言，也是构成网页文档的主要语言。

HTML 网页由 HTML 代码编写出来。HTML 的结构包括头部（Head）、主体（Body）两大部分，其中头部描述浏览器所需的信息，而主体则包含所要说明的具体内容。

HTML 标记标签通常被称为 HTML 标签 （HTML tag），是由尖括号包围的关键词，如 <html>。HTML 标签通常是成对出现的，如 <b> 和 </b>，标签对中的第一个标签是开始标签，第二个标签是结束标签，开始和结束标签也被称为开放标签和闭合标签。

2）编写简单网页

第一步，执行"开始"菜单→"所有程序"→"附件"→"记事本"命令，打开一个空白记事本，以"网页.html"或"网页.htm"为后缀保存文件。

第二步，开始编写 HTML 代码。首先在记事本输入必需的几个代码：<html></html><head></head><title></title><body></body>，如图 6.7 所示。

图 6.7   在记事本输入简单标记

第三步，在<title> </title>两个标记之间插入内容"我的第一个网页"。

第四步，在<body></body>两个标记之间插入内容："这是我的第一个网页，欢迎光临！"

第五步，存盘退出。

第六步，打开你保存的网页文件，即可看见如图6.8所示效果。

图6.8　网页效果

提示：

HTML 标签对大小写不敏感：<HTML> 等同于 <html>。许多网站都使用大写的 HTML 标签，但推荐大家使用小写，因为在未来 （X）HTML 版本中强制使用小写。

<html> 与 </html> 之间的文本描述网页。

<body> 与 </body> 之间的文本是可见的页面内容。

3）修改网页

网页在编辑完成后，如果有不满意的地方可以重新打开源文件并修改。

（1）右击"网页.html"或"网页.htm"文件→"打开方式"→"记事本"，就可以用记事本打开网页的html源文件。

（2）将源文件修改为如图6.9所示的内容。

图6.9　在记事本输入内容

提示：

HTML 标题（Heading）是通过 <h1> - <h6> 等标签进行定义的，数值越小标题越大。

<h1> 与 </h1> 之间的文本被显示为标题，且浏览器会自动地在标题的前后添加空行。

<p> 与 </p> 之间的文本被显示为段落。

没有内容的 HTML 元素被称为空元素。空元素是在开始标签中关闭的。
 就是没有关闭标签的空元素，它定义了换行。每个表格由<table>标签开始，表格行由<tr>标签开始，表格数据由<td>标签开始。

（3）在记事本中选择"文件"菜单→"保存"选项，对修改的内容进行存盘。

（4）在 IE 浏览器中选择"查看"菜单→"刷新"选项，可以看到新网页的效果，如图 6.10 所示。

图 6.10　网页效果

综合练习题

1．两位同学为一组，互相给对方的电子邮箱发送一封带有图片为附件的电子邮件。收到邮件后再回复该邮件。

2．使用搜索引擎查找计算机等级考试一级的考试大纲。

3．使用搜索引擎查找当前主流杀毒软件有哪些？